高等职业教育示范专业系列教材（电气工程及自动化类专业）

电气控制技术与应用项目式教程

第 2 版

主 编 赵红顺

参 编 白 颖 高 丹 王 青

机械工业出版社

本书以工厂常用电气设备典型控制技术为主线，采用项目教学、任务驱动方式组织教材内容。各项目源于工程实际，按照从易到难、从单一到综合的原则进行编排，符合高职学生认知特点和学习规律。全书共有 7 个项目 17 个任务，主要内容包括三相异步电动机单向起动控制、正反转控制、减压起动控制、调速与制动控制、直流电动机电气控制、C6140T 型卧式车床电气控制电路分析与故障检修、X6132 型卧式万能铣床电气控制电路分析与故障检修、Z3040 型摇臂钻床电气控制电路分析与故障检修及电气控制系统设计等，内容覆盖典型电气控制电路原理分析、电路安装接线与调试、典型机床电气控制电路分析与故障检修、电气控制电路设计等，将常用元器件的认识与检测、电路原理分析、电路安装与调试及电气故障检修等知识和技能分解于各个工作任务中，每个工作任务中都有相应考核要求和评分标准，对技能考核过程进行记录，可操作性的量化考核标准，便于过程教学评价，同时各任务结束后安排了题型丰富的思考与练习，使学生能更好地掌握岗位技能和专业知识。

　　本书内容贴近工厂实践，实用性、可操作性强，将行业、企业标准融入其中，将任务考核标准融入国家电工职业技能鉴定标准，是一本"双证融通"的理实一体化教材，可作为高职高专院校电气自动化、电机与电器、机电一体化、机电设备维修等机电类专业的教学用书，也可作为电工考证前培训教材或作为相关专业工程技术人员的岗位培训教材和参考用书。

　　书中有动画和视频等教学资源，学生通过扫描书中二维码即可观看，随扫随学，激发学生自主学习的兴趣。

　　为方便教学，本书配有免费电子课件，凡选用本书作为授课教材的教师，均可来电索取。咨询电话：010-88379375。

图书在版编目（CIP）数据

电气控制技术与应用项目式教程/赵红顺主编. —2 版. —北京：机械工业出版社，2020.6（2024.1 重印）
高等职业教育示范专业系列教材. 电气工程及自动化类专业
ISBN 978-7-111-65239-7

Ⅰ. ①电… Ⅱ. ①赵… Ⅲ. ①电气控制-高等职业教育-教材
Ⅳ. ①TM921.5

中国版本图书馆 CIP 数据核字（2020）第 052934 号

机械工业出版社（北京市百万庄大街22 号　邮政编码100037）
策划编辑：于　宁　责任编辑：于　宁
责任校对：杜雨霏　封面设计：鞠　杨
责任印制：邰　敏
唐山楠萍印务有限公司印刷
2024 年 1 月第 2 版第 6 次印刷
184mm×260mm · 12.5 印张 · 309 千字
标准书号：ISBN 978-7-111-65239-7
定价：35.00 元

电话服务　　　　　　　　网络服务
客服电话：010-88361066　机 工 官 网：www.cmpbook.com
　　　　　010-88379833　机 工 官 博：weibo.com/cmp1952
　　　　　010-68326294　金 书 网：www.golden-book.com
封底无防伪标均为盗版　机工教育服务网：www.cmpedu.com

前　言

本书自 2012 年 8 月初版问世以来，受到了许多高职院校同行们的认可，他们普遍认为，该书以工作任务展开教学过程，是融学生主动参与、教师指导引领，实现"教、学、做"一体化的教学模式，教学内容的设计注重学生应用能力和实践能力的培养，体现了高职高专理实一体化课程的特色。

本书此次在第 1 版的基础上进行修订，对部分内容进行了改写，使内容更丰富，呈现方式更多样，叙述更清楚，语言通俗易懂，更加贴近生产实践。具体表现在以下几个方面：

1）增加常用元器件的实物图片，有助于学生对电器的认识和使用。

2）细化和完善各个任务的考核量化指标，更加方便教学过程的考核评价。

3）在机床电气线路故障检修中，增加了检修实例，引导学生学习电气线路故障检修方法和步骤。

4）补充完善了课后思考与练习题。

本书修订后延续了第 1 版理实一体化的风格，每个项目中包含若干个工作任务，围绕工作任务，以实践知识为焦点，以理论知识为背景，以拓展知识为延伸，从任务描述、任务目标、任务实施和技能考核等环节展开，在完成工作任务的过程中学习专业技能。每个任务结束后还安排了题型丰富的思考与练习，便于学生理论联系实践，更好地掌握电气专业知识。

本书修订后增加了动画和视频等教学资源，实现纸质教材＋数字资源的完美结合，体现互联网＋新形态一体化教材等理念。学生通过扫描书中二维码可观看相应资源，随扫随学，激发学生自主学习的兴趣，打造高效课堂。

参加本书修订工作的有常州机电职业技术学院的赵红顺、白颖、高丹和王青老师。其中项目一、二、三和项目六由赵红顺修订编写；项目四由王青修订编写；项目五由高丹修订编写；项目七由白颖修订编写。全书由主编赵红顺负责统稿。参与本书教学资源制作工作的有赵红顺、王青、白颖、庞宇峰和马剑等老师。

编写本书时，编者查阅和参考了众多文献资料，从中得到了许多教益和启发，在此向参考文献的作者致以诚挚的谢意，也向多年来使用本书的同行与读者表示真诚的谢意，感谢同行的支持以及读者的厚爱。同时敬请使用本书的同行与读者继续批评指正。

编　者

二维码清单

资源名称	二维码	资源名称	二维码
动画 1-1　RT 系列熔断器结构拆分		动画 1-2　CJX1 系列交流接触器结构拆分	
动画 1-3　LA39 系列按钮结构拆分		动画 1-4　DZ47-60 型低压断路器结构拆分	
动画 1-5　NR4-63 型热继电器结构拆分		动画 3-1　JS7-2A 型空气阻尼式时间继电器结构	
视频 1-1　CJX2-09 型交流接触器检测		视频 1-2　电气接线工艺	
视频 1-3　DZ47-60 型低压断路器检测		视频 1-4　NR4-63 型热继电器检测	
视频 2-1　LX19-111 型行程开关检测		视频 3-1　JS7-2A 型空气阻尼式时间继电器检测	

目　录

项目一　三相异步电动机的单向起动控制

在生产实践中，控制一台三相异步电动机的电路可能比较简单，也可能相当复杂，单向起动控制电路是电动机控制中最简单的电路，几乎所有电动机都会用到单向起动控制电路。

项目教学目标

1）认识刀开关、组合开关、低压断路器、熔断器、接触器、按钮及热继电器等常用低压电器的主要结构和电路符号，能正确选择其主要参数。

2）能正确识读三相异步电动机单向起动控制电路并掌握其工作原理。

3）能根据三相异步电动机单向起动控制电路原理图，按工艺要求完成电路的安装接线与调试；能对所接电路进行检查，根据检查结果判断电路的性能；会用万用表排除常见电气故障。

任务一　单向手动控制电路

一、任务描述

单向手动控制电路是利用电源开关直接控制三相异步电动机的起动与停止。电源开关可以使用刀开关、组合开关或低压断路器。该电路常被用来控制砂轮机、冷却泵等设备。图 1-1 所示为用刀开关实现电动机运转的单向手动控制电路。

本任务要求识读单向手动控制电路，并掌握其工作原理，能对电路进行正确的安装接线和通电试验。

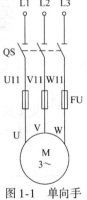

图 1-1　单向手动控制电路

二、任务目标

1）能熟练使用刀开关、熔断器及三相异步电动机。

2）能正确识读电动机单向手动控制电路的原理图，并根据电路原理图进行安装接线。

3）能够进行电动机单向手动控制电路的检查与调试，排除常见的电气故障。

三、任务实施

本任务的具体流程如图 1-2 所示。将任务逐一分解、实施，逐点学习和训练，最终完成整个任务。

先识别图 1-1 中所涉及的元器件，有刀开关、熔断器和三相异步电动机。

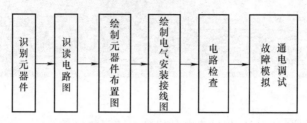

图 1-2　任务实施流程

（一）刀开关

刀开关的种类很多，常用的有开启式负荷开关和封闭式负荷开关两种。

1. 开启式负荷开关

开启式负荷开关旧称胶盖闸刀开关，主要用来隔离电源或手动接通与断开交、直流电路，适用于照明、电热设备及功率在 5.5kW 以下电动机的控制，实现不频繁地手动接通和分断电路。图 1-3 所示为开启式负荷开关的外形、结构和电路符号。开启式负荷开关主要由与瓷质手柄相连的触刀、静触座、熔丝、进线及出线接线座等组成。其中导电部分都固定在瓷底板上且用胶盖盖着，所以当刀开关合上时，操作人员不会触及带电部分。

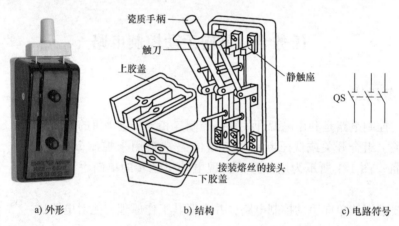

a) 外形　　　　　　　　　　　b) 结构　　　　　　　　　c) 电路符号

图 1-3　开启式负荷开关的外形、结构和电路符号

刀开关按极数不同可分为单极、双极和三极三种。开启式负荷开关的常用型号有 HK1、HK2 系列。表 1-1 列出了 HK2 系列开启式负荷开关的部分技术数据。

表 1-1　HK2 系列开启式负荷开关的部分技术数据

额定电压/V	额定电流/A	极数	最大分断电流(熔断器极限分断电流)/A	控制电动机功率/kW	机械寿命/万次	电气寿命/万次
250	10	2	500	1.1	10000	2000
	15	2	500	1.5		
	30	2	1000	3.0		
380	15	3	500	2.2	10000	2000
	30	3	1000	4.0		
	60	3	1000	5.5		

开启式负荷开关的型号含义如下：

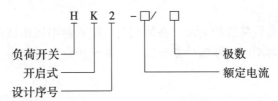

在安装与运行开启式负荷开关时应注意如下几点：

1）电源进线应装在静触座上，而负载应接在触刀一边的出线端。这样，当开关断开时，触刀和熔丝上就都不带电了。

2）刀开关在合闸状态时，手柄应向上，不可倒装或平装，以防误操作合闸。

2. 封闭式负荷开关

封闭式负荷开关旧称铁壳开关，其灭弧性能、通断能力和安全防护性能都优于开启式负荷开关，一般用来控制功率在 10kW 以下的电动机不频繁的直接起动。封闭式负荷开关的外形、结构和电路符号如图 1-4 所示。

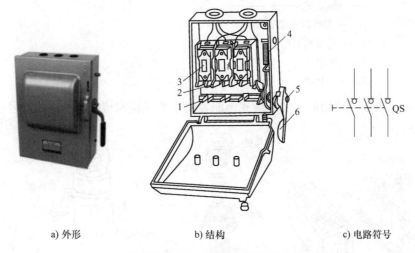

a) 外形   b) 结构   c) 电路符号

图 1-4 封闭式负荷开关的外形、结构和电路符号

1—触刀 2—静触座 3—熔断器 4—速断弹簧 5—转轴 6—手柄

封闭式负荷开关的常用型号有 HH3、HH4 系列。它的操作机构有两个特点：一是采用了弹簧储能的合闸方式，使开关的分合速度与手柄操作速度无关，而只与弹簧储能的多少有关，这既改善了开关的灭弧性能，又能防止触头停滞在中间位置，从而提高开关的通断能力，延长其使用寿命；二是操作机构上设置了机械联锁，它可以保证开关合闸时防护铁盖不能被打开，而当打开防护铁盖时，开关则不能合闸。

选用刀开关时，首先应根据刀开关的用途和安装位置选择合适的型号和操作方式，然后根据控制对象的类型和大小，计算出相应负载电流的大小，从而选择相应额定电流的刀开关。

刀开关的额定电压应不小于电路的额定电压，额定电流应不小于负载的额定电流。在开关柜内使用刀开关时，还应考虑操作方式，如杠杆操作机构、旋转式操作机构等。当使用刀开关控制电动机时，其额定电流要为电动机额定电流的 3 倍。

（二）熔断器

熔断器是一种简单有效的保护电器。在使用时，熔断器串接在被保护的电路中，当电路发生短路故障时，熔体被瞬时熔断而分断电路，起到保护电路的作用。熔断器主要用做电路的短路保护。

1. 熔断器的结构与型号

熔断器主要由熔体和安装熔体的熔管（或熔座）两部分组成。熔体由易熔金属材料（如铅、锌、锡、银、铜及其合金）制成，通常制成丝状和片状。熔管是用于装熔体的，由陶瓷、绝缘钢纸或玻璃纤维制成，在熔体熔断时兼有灭弧的作用。

熔断器的常用产品有瓷插式、螺旋式、无填料封闭管式和有填料封闭管式等类型，使用时应根据电路要求、使用场合和安装条件来选择。熔断器型号的含义如下：

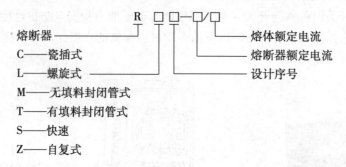

图 1-5 所示是瓷插式熔断器和螺旋式熔断器的主要结构和熔断器的电路符号。

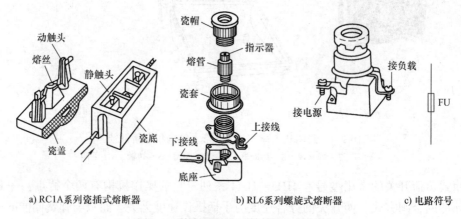

a) RC1A系列瓷插式熔断器　　　b) RL6系列螺旋式熔断器　　　c) 电路符号

图 1-5　熔断器的主要结构和电路符号

图 1-5a 所示为 RC1A 系列瓷插式熔断器，它主要由瓷底和瓷盖两部分组成。熔丝用螺钉固定在瓷盖内的动触头上，使用时，将瓷盖插入瓷底，拔下瓷盖便可更换熔丝。由于该熔断器使用方便、价格低廉，因而应用广泛。RC1A 系列熔断器主要用于 AC 380V 及以下的电路末端作电路和用电设备的短路保护。RC1A 系列熔断器的额定电流为 5～200A，但极限分断能力较差，由于该熔断器为半封闭结构，熔丝熔断时有声光现象，故在易燃易爆的工作场合应禁止使用。

图 1-5b 所示为 RL6 系列螺旋式熔断器，它主要由瓷帽、瓷套、熔管和底座等组成。熔

管内装有石英砂、熔丝和带小红点的熔断指示器。当从瓷帽上的玻璃窗口观察到带小红点的熔断指示器自动脱落时，表示熔丝已熔断。熔管的额定电压为 AC 500V，额定电流为 2 ~ 200A。RL6 系列螺旋式熔断器常用于机床控制电路中，安装时应注意：**电源线应接在底座的下接线端上，负载应接在与螺纹壳相连的上接线端上。**这样，在更换熔管时，就可以保证操作者的安全了。

有填料封闭管式熔断器和无填料封闭管式熔断器外形如图1-6所示。

a) RT系列有填料封闭管式熔断器

b) RM系列无填料封闭管式熔断器

图 1-6 有填料封闭管式和无填料封闭管式熔断器的外形

RT 系列有填料封闭管式熔断器由熔管、熔体及插座组成，熔管为白瓷质，管内充填石英砂，石英砂在熔体熔断时起灭弧作用，短路电流通过熔片时，首先在狭窄处熔断，熔管（钢纸管）内壁在电弧的高温作用下，分解出大量气体，使管内压力迅速增大，很快将电弧熄灭。在熔管 动画 1-1 RT 系列的一端还设有熔断指示器。RT 系列熔断器额定电流为 50 ~ 1000A，适用 熔断器结构拆分于交流 380V 及以下、短路电流大的配电装置中，作为电路及电气设备的短路保护。

RM 系列无填料封闭管式熔断器由熔管、熔体及插座组成。熔管为钢纸制成，两端为黄铜制成的可拆式管帽，管内熔体为变截面的熔片，更换熔体较方便。RM 系列熔断器额定电流为 15 ~ 1000A。

熔断器的额定电流在 100A 以下的，采用圆筒帽形结构；熔断器的额定电流在 100A 及以上的，采用刀形触头结构。

RT 系列有填料封闭管式熔断器的分断能力比同容量 RM 系列的熔断器要大 2.5 ~ 4 倍。

2. 熔断器的主要技术参数

熔断器的主要技术参数有额定电压、额定电流和极限分断能力。

（1）额定电压 熔断器的额定电压是指能保证熔断器长期正常工作的电压。若熔断器的实际工作电压大于其额定电压，则其熔体熔断时就可能会发生电弧不能熄灭的危险。

（2）额定电流 熔断器的额定电流是指能保证熔断器长期正常工作的电流，是由熔断器各部分长期工作时的允许温升决定的。它与熔体的额定电流是两个不同的概念。熔体的额定电流是指在规定的工作条件下，长时间通过熔体而熔体不熔断的最大电流值。通常，一个额定电流等级的熔断器可以配用若干个额定电流等级的熔体，但熔体的额定电流不能大于熔断器的额定电流。

（3）极限分断能力 极限分断能力是指熔断器在额定电压下所能断开的最大短路电流。

它代表熔断器的灭弧能力，与熔体的额定电流大小无关。表 1-2 是几种常用熔断器的主要技术参数。

表 1-2 常用熔断器的主要技术参数

类　别	型　号	额定电压/V	额定电流/A	熔体额定电流/A	极限分断能力/kA
瓷插式熔断器	RC1A	380	5	2、5	0.25
			10	2、4、6、10	0.5
			15	6、10、15	
			30	20、25、30	1.5
			60	40、50、60	3
			100	80、100	
			200	120、150、200	
螺旋式熔断器	RL1	380	15	2、4、5、6、10、15	25
			60	20、25、30、35、40、50、60	
			100	60、80、100	50
			200	120、150、200	
	RL6	500	25	2、4、6、10、16、20、25	50
			63	35、50、63	
	RL7	660	25	2、4、6、10、16、20、25	50
			63	35、50、63	
			100	80、100	
有填料封闭管式熔断器	RT14	380	20	2、4、6、8、10、12、16、20	100
			32	2、4、6、8、10、12、16、20、25、32	
			63	10、16、20、25、32、40、50、63	
	RT18	380	32	2、4、6、8、10、12、16、20、25、32	100
			63	2、4、6、8、10、12、16、20、25、32、40、50、63	
无填料封闭管式熔断器	RM10	380	15	6、10、15	1.2
			60	15、20、25、35、45、60	3.5
			100	60、80、100	
			200	100、125、160、200	10
			350	200、225、260、300、350	
			600	350、430、500、600	
快速熔断器	RLS2	500	30	16、20、25、30	50
			63	35、45、50、63	
			100	75、80、90、100	

3. 熔断器的正确选用

对熔断器的要求是：在电气设备正常运行时，熔断器不应熔断；当出现短路时，熔断器应立即熔断；当电流发生正常变动(如电动机起动过程)时，熔断器不应熔断；在用电设备持续过载时，熔断器应延时熔断。对熔断器的选用主要包括其类型的选择和熔体额定电流的确定。

选择熔断器的类型时，主要根据负载的保护特性和短路电流的大小来确定。用于保护照明电路和电动机电路的熔断器，一般考虑它们的过载保护，这时，希望熔断器的熔化系数(最小熔断电流与熔体额定电流之比)适当小些，所以容量较小的照明电路和电动机电路宜采用熔体为铅锌合金的 RC1A 系列熔断器。用于车间低压供电线路的保护熔断器，一般是考虑短路时的分断能力。当短路电流较大时，宜采用具有高分断能力的 RL 系列熔断器；当短路电流相当大时，宜采用有限流作用的 RT 系列熔断器。

熔断器的额定电压要大于或等于电路的额定电压。熔断器的额定电流应不小于熔体的额定电流，熔体的额定电流要依据负载的情况来选择。

1) 对于电阻性负载或照明电路，由于这类负载的起动过程很短，运行电流较平稳，一般按负载额定电流的 1~1.1 倍选择熔体的额定电流，进而选定熔断器的额定电流。

2) 对于电动机等感性负载，由于这类负载的起动电流为额定电流的 4~7 倍，一般选择熔体的额定电流的要求有如下几点。

① 对于单台电动机，选择熔体额定电流为电动机额定电流的 1.5~2.5 倍。

② 对于频繁起动的单台电动机，选择熔体额定电流为电动机额定电流的 3~3.5 倍。

③ 对于多台电动机，则要求

$$I_{\text{FU}} \geqslant (1.5 \sim 2.5)I_{\text{Nmax}} + \sum I_{\text{N}} \tag{1-1}$$

式中，I_{FU} 是熔体的额定电流(A)；I_{Nmax} 是容量最大的一台电动机的额定电流(A)；$\sum I_{\text{N}}$ 是其余各台电动机的额定电流之和。

(三) 三相异步电动机

现代各种生产机械都广泛采用电动机来拖动。电动机按接入电源种类的不同可分为交流电动机和直流电动机。交流电动机又分为异步电动机和同步电动机两种，其中，异步电动机具有结构简单、工作可靠、价格低廉、维护方便及效率较高等优点，其缺点是功率因数较低，调速性能不如直流电动机。三相异步电动机是所有电动机中应用最为广泛的一种。一般的机床、起重机、传送带、鼓风机、水泵及各种农副产品的加工等都普遍采用三相异步电动机；各种家用电器、医疗器械和许多小型机械则采用单相异步电动机，在一些有特殊要求的场合，则使用特种异步电动机。

1. 三相异步电动机的结构

三相异步电动机由两个基本部分组成：一是固定不动的部分，称为定子；二是旋转部分，称为转子。图 1-7 为一台三相异步电动机的外形和主要结构。

(1) 定子　定子由机座、定子铁心、定子绕组和端盖等组成。

定子绕组是定子的电路部分，中小型电动机一般采用漆包线绕制而成，共分三组，分布在定子铁心槽内。它们在定子内圆周空间的排列是彼此间相隔 120°，构成对称的三相绕组。三相绕组共有六个出线端，通常接在置于电动机外壳上的接线盒中。三相绕组的首端分别用 U1、V1、W1 表示，对应的末端分别用 U2、V2、W2 表示。三相定子绕组可以连接成星形或三角形，如图 1-8 所示。

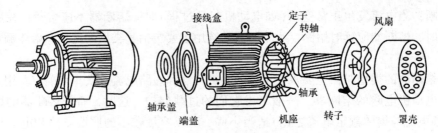

图 1-7   三相异步电动机的外形和主要结构

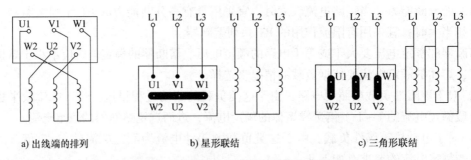

a) 出线端的排列   b) 星形联结   c) 三角形联结

图 1-8   三相异步电动机定子绕组的接法

三相绕组接成星形还是三角形，和普通三相负载一样，需视电源的线电压而定。如果电动机所接电源的线电压等于电动机每相绕组的额定电压，那么，三相绕组就应该接成三角形。通常，电动机的铭牌上标有符号丫/△和数字380/220，前者表示定子绕组的联结方式，后者表示对应于不同联结方式应加的线电压值。

（2）转子   转子由转子铁心、转子绕组、转轴和风扇等组成。

转子铁心为圆柱形，通常由制作定子铁心冲片剩下的内圆硅钢片叠成，压装在转轴上。转子铁心与定子铁心之间有微小的气隙，转子铁心、定子铁心和气隙共同组成了电动机的磁路。转子铁心外圆周上有许多均匀分布的槽，这些槽用于安放转子绕组。

转子绕组有笼型转子绕组和绕线转子绕组两种。笼型转子绕组是由嵌在转子铁心槽内的若干铜条组成的，两端分别焊接在两个短接的端环上。如果去掉铁心，转子绕组的外形就像一个笼子，故称为笼型转子绕组。目前中小型笼型电动机大都在转子铁心槽中浇注铝液，铸成笼型绕组，并在端环上铸出许多叶片，作为冷却的风扇。笼型转子的结构如图 1-9 所示。

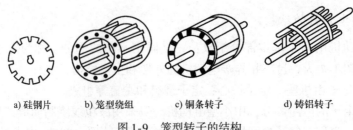

a) 硅钢片   b) 笼型绕组   c) 铜条转子   d) 铸铝转子

图 1-9   笼型转子的结构

绕线转子绕组与定子绕组相似，在转子铁心槽内嵌放对称的三相绕组，作星形联结。三相绕组的三个尾端连接在一起，三个首端分别接到装在转轴上的三个铜制集电环上，通过电刷与外电路的可变电阻器相连接，用于起动或调速，如图 1-10 所示。

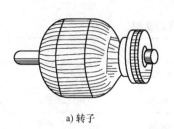
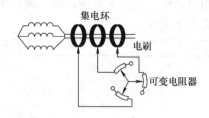

a) 转子   b) 转子外接电阻

图 1-10 绕线转子

由于绕线转子异步电动机的结构较复杂、价格较高，一般只用于对起动和调速有较高要求的场合，如立式车床、起重机等。

2. 三相异步电动机的工作原理

如图 1-11 所示，当三相异步电动机的定子绕组接通三相电源后，绕组中便有三相交变电流通过，并在空间产生一旋转磁场。设旋转磁场沿顺时针方向旋转，则静止的转子同旋转磁场间就有了相对运动，转子导线因切割磁力线而产生感应电动势，由于旋转磁场沿顺时针方向旋转，即相当于转子导线沿逆时针方向切割磁力线。根据右手定则，确定出转子上半部导线的感应电动势方向是由纸面向外的，下半部的感应电动势方向是由纸面向内的，由于所有转子导线的两端分别被两个铜环连在一起，因而构

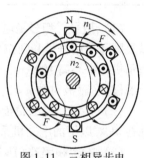

图 1-11 三相异步电动机的工作原理

成了闭合回路，故在此电动势的作用下，转子导体内就产生了感应电流，此电流又与旋转磁场相互作用而产生电磁力，电磁力的方向可由左手定则来确定。这些电磁力对转轴形成一电磁转矩，驱动电动机旋转，其作用方向同旋转磁场的旋转方向一致，因此，转子就顺着旋转磁场的旋转方向转动起来了。若使旋转磁场反转，则转子的旋转方向也随之而改变。

不难看出，转子的转速 n_2 永远小于旋转磁场的转速（即同步转速）n_1。这是因为，如果转子的转速达到同步转速，则它与旋转磁场之间就不存在相对运动，转子导线将不再切割磁力线，因而其感应电动势、感应电流和电磁转矩均为零。由此可见，转子总是紧跟着旋转磁场以 $n_2 < n_1$ 的转速而旋转的。因此，把这种交流电动机称为异步电动机，又因为这种电动机的转子电流是由电磁感应产生的，所以又把它称为感应电动机。

当电动机定子绕组一相断线或电源一相断电时，通电后电动机可能不能起动，即使空载能起动，其转速慢慢上升，会伴有"嗡嗡"声，时间长了电动机会冒烟发热，并伴有烧焦的气味。

当电动机定子绕组两相断线或电源两相断电时，通电后电动机不能起动，但无异响，也无异味和冒烟。

3. 铭牌数据的识读

三相异步电动机的机座上都有一块铭牌，如图 1-12所示。上面标有电动机的型号、规格和相关技术数据，

三 相 异 步 电 动 机			
型号 Y100L-2		编号	
2.2 kW	380 V	6.4 A	接法丫
2870 r/min	LW 79	dB (A)	B级绝缘
防护等级IP44	50 Hz	工作制S1	kg
标准编号		××××年×月×日	
××机电制造有限公司			

图 1-12 三相异步电动机铭牌

要正确使用电动机，就必须看懂铭牌。现以 Y180M – 4 型电动机为例来说明铭牌上各个数据的含义，见表1-3。

表1-3　三相异步电动机的铭牌

三相异步电动机					
型号	Y180M – 4	额定功率	18.5kW	额定电压	380V
额定电流	35.9A	额定频率	50Hz	额定转速	1470r/min
接法	△	工作方式	连续	外壳防护等级	IP44
功率因数	0.79	温升	90℃	绝缘等级	B 级
产品编号	××××××	重量	180kg	出厂日期	×年×月
×××电机厂					

（1）型号　型号是电动机类型、规格的代号。国产异步电动机的型号由汉语拼音字母以及国际通用符号和阿拉伯数字组成。如 Y180M – 4 中：Y 表示三相笼型异步电动机，180 表示机座中心高180mm，M 表示机座长度代号(S—短机座，M—中机座，L—长机座)，4 表示磁极数(磁极对数 $p = 2$)。

（2）接法　接法是指电动机在额定电压下，三相定子绕组的联结方式：Y或△。一般功率在4kW 以下的电动机采用Y联结，4kW 及以上的电动机采用△联结。

（3）额定频率 f_N(Hz)　额定频率是指电动机定子绕组所加交流电源的频率，我国工业用交流电源的标准频率为50Hz。

（4）额定电压 U_N(V)　额定电压是指电动机在正常运行时加到定子绕组上的线电压。

（5）额定电流 I_N(A)　额定电流是指电动机在正常运行时，定子绕组的线电流。

（6）额定功率 P_N(kW)和额定效率 η_N　额定功率也称额定容量，是指在额定电压、额定频率和额定负载条件下运行时，电动机轴上输出的机械功率。额定效率是指输出机械功率与输入电功率的比值。

额定功率与额定电压、额定电流之间存在以下关系：

$$P_N = \sqrt{3}\, U_N I_N \eta_N \cos\varphi_N \tag{1-2}$$

（7）额定转速 n_N(r/min)　额定转速是指在额定频率、额定电压和额定输出功率条件下，电动机每分钟的转数。

（8）温升和绝缘等级　电动机运行时，其温度高出环境温度的允许值即为温升。环境温度为40℃，温升为65℃的电动机最高允许温度为105℃。

绝缘等级是指电动机定子绕组所用绝缘材料允许的最高温度等级，有 A、E、B、F、H、C 六级。目前，一般电动机采用较多的是 E 级和 B 级。

允许温升的高低与电动机所采用的绝缘材料的绝缘等级有关。常见的绝缘等级和最高允许温度之间的关系见表1-4。

表1-4　绝缘等级和最高允许温度之间的关系

绝缘等级	A	E	B	F	H	C
最高允许温度/℃	105	120	130	155	180	>180

（9）功率因数 $\cos\varphi$　三相异步电动机的功率因数较低，在额定运行时约为 0.7~0.9，空载时只有 0.2~0.3。因此，必须正确选择电动机的容量，防止"大马拉小车"，并力求缩短空载运行时间。

（10）工作方式　异步电动机常用的工作方式有连续、短时和断续三种。

1）连续工作方式。用代号 S1 表示，可按铭牌上规定的额定功率长期连续工作，而温升不会超过允许值。

2）短时工作方式。用代号 S2 表示，每次只允许在规定时间以内按额定功率运行，如果运行时间超过规定时间，则会使电动机过热而受到损坏。

3）断续工作方式。用代号 S3 表示，电动机以间歇方式运行。如起重机械的拖动多为此种方式。

4. 电路符号

三相异步电动机的电路符号如图 1-13 所示。

（四）单向手动控制电路的分析

1. 识读电路图

单向手动控制电路图的识读过程见表 1-5。

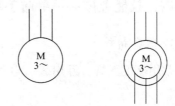

a) 笼型异步电动机　b) 绕线转子异步电动机

图 1-13　三相异步电动机的电路符号

表 1-5　单向手动控制电路图的识读过程

序号	识读任务	电路组成	元器件名称	功能
1	读主电路	QS	刀开关	引入三相电源
2		FU	熔断器	主电路的短路保护
3		M	三相异步电动机	被控对象

2. 识读电路的工作过程

通过刀开关 QS 直接控制电动机的起动与停止。闭合 QS，电动机得电运转；断开 QS，电动机断电停止。

3. 电路安装接线

电气元器件布置图表明电气设备及元器件的安装位置，电气安装接线图则是把同一个电器的各个部件画在一起，而且各个部件的布置要尽可能符合这个电器的实际情况，但对尺寸和比例没有严格要求。各电气元器件的图形符号、文字符号和电路标记均应以电气原理图为准，并保持一致，以便查对。

图 1-14 是单向手动控制电路的电气安装接线图。

4. 电路断电检查

使用万用表的欧姆档，将量程选为"×100"

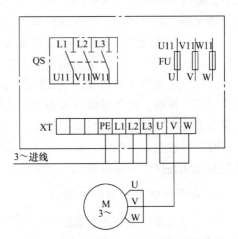

图 1-14　单向手动控制电路的电气安装接线图

或"×1k"，L1、L2、L3 先不通电，闭合电源开关 QS，分别测量 L1 – U、L2 – V、L3 – W 三个电阻值，若显示阻值为零，则表明电路连接正确。

5. 通电调试和故障排除

在电路安装完成并经检查确定电路连接正确后，将 L1、L2、L3 接通三相电源，闭合 QS，电动机应立即通电运行，断开 QS，电动机应断电停止。

操作过程中，如果出现不正常现象，应立即断开电源，分析故障原因，用万用表仔细检查电路。在指导教师认可的情况下才能再次通电调试。

四、技能考核——单向手动控制电路的安装接线

1. 准备材料

常用电工工具、万用表、电气安装板、导线、刀开关、螺旋式熔断器及三相异步电动机。

2. 安装接线和试验

1）根据电动机容量选择刀开关和熔断器的规格(电压、电流)。
2）用万用表检测所选电气元器件的好坏。
3）在电气安装板上安装电气元器件，安装接线应牢固，并符合工艺要求。
4）将三相电源接入刀开关。
5）经教师检验合格后通电试验。

3. 注意事项

1）电动机使用的电源电压和绕组的接法必须与铭牌规定的相符。
2）通电试验时，观察是否有异常情况，若发现异常情况，应立即断电检查。

五、拓展知识——电气控制系统图的分类及电气原理图的绘制

电气控制系统图是以各种图形、符号和图线等形式来表示电气系统中各种电气设备、装置、元器件的相互连接关系的。电气控制系统图是联系电气设计、生产和维修人员的工程语言，能正确、熟练地识读电气控制系统图是电气从业人员必备的基本技能。

电气控制系统图由各种图形符号及文字符号绘制而成，图形符号用来表示一个设备或概念的图形、标记或字符；文字符号分为基本文字符号和辅助文字符号。为了规范各种电气原理图、电气元器件布置图及电气安装接线图等的绘制方法，国家制定了电气简图用图形符号及文字符号标准，将各种电气设备及其连接方式等用图形符号及文字符号表示出来，因此图形符号及文字符号是电气技术的工程语言，必须对其中一些常用的加以牢记，并正确使用。

在电气控制系统图中，同一电气设备的各部件(如接触器的线圈、主触头和辅助触头)可能是分散画在图中不同位置的，为了识别方便起见，将它们用同一文字符号来表示。

1. 电气控制系统图的分类

电气控制系统图按用途和表达方式的不同，可以分为电气原理图、电气安装接线图和电气元器件布置图。

（1）**电气原理图**　电气原理图是为了便于阅读与分析控制电路，根据简单、清晰的原则，采用电气元器件展开的形式绘制而成的图样。它包括所有电气元器件的导电部件和接线端点，但并不按照电气元器件的实际布置位置来绘制，也不反映电气元器件的大小。其作用是便于详细了解电路的工作原理，指导系统或设备的安装、调试与维修。电气原理图是电气控制系统图中最重要的种类之一，也是识图的难点和重点。

（2）**电气安装接线图**　电气安装接线图是为了安装电气设备和电气元器件及进行配线或检修电气故障服务的。它是用规定的图形符号，按各电气元器件的相对位置绘制的实际接线图。它清楚地表示出了各电气元器件的相对位置和它们之间的电路连接，所以电气安装接线图不仅要把同一电器的各个部件画在一起，而且各个部件的布置要尽可能符合这个电器的实际情况。另外，不但要画出控制柜内部电器之间的连接，还要画出电器柜外部电器的连接。

（3）**电气元器件布置图**　电气元器件布置图主要是用来表明电气设备上所有电气元器件的实际位置，为生产机械电气控制设备的制造、安装提供必要的资料。通常，电气元器件布置图与电气安装接线图组合在一起，既起到电气安装接线图的作用，又能清晰地表示出电气元器件的布置情况。

2. 电气原理图

由于电气原理图具有结构简单、层次分明及适于研究和分析电路的工作原理等优点，所以无论在设计部门还是生产现场都得到了广泛的应用。图 1-15 为某机床的电气原理图。

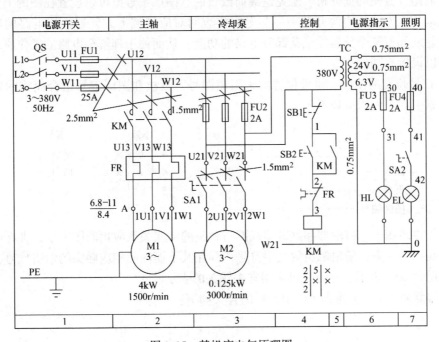

图 1-15　某机床电气原理图

（1）**绘制电气原理图的基本原则**　绘制继电器-接触器控制原理图时，要遵循以下几点原则。

1）电气原理图主要分主电路和控制电路两部分。电动机的通路为主电路，接触器线圈的通路为控制电路。此外，还有信号电路、照明电路等。

2）在电气原理图中，各电气元器件不用画出实际的外形图，而是采用国家制定的标准图形符号和文字符号来表示。

3）在电气原理图中，同一电器的不同部件常常不画在一起，而是画在电路的不同地方，但同一电器的不同部件都用相同的文字符号标明。例如，接触器的主触头通常画在主电路中，而它的线圈和辅助触头则画在控制电路中，但它们都用文字符号"KM"表示。

4）同一种电器一般用相同的字母表示，但需在字母的后边加上数字或其他字母来区别。例如，两个接触器应分别用 KM1、KM2 或 KMF、KMR 表示。

5）全部触头都按初始状态画出。对于接触器和各种电磁式继电器，初始状态是指线圈未通电时的状态；对于按钮、行程开关等，则是指未受外力作用时的状态。

6）在电气原理图中，无论是主电路还是控制电路，各电气元器件一般按动作顺序从上到下、从左到右依次排列，可水平布置或者垂直布置。

7）在电气原理图中，有直接联系的交叉导线连接点，要用黑圆点（·）表示；无直接联系的交叉导线连接点不画黑圆点。

在阅读电气原理图以前，必须对控制对象有所了解，尤其对于机械、液压（或气压）和电气配合得比较密切的生产机械，单凭电气原理图往往不能完全看懂其控制原理，只有了解了有关的机械传动和液压（气压）传动后，才能搞清全部控制过程。

（2）图面区域的划分　图样下方的 1、2、3……等数字是图区编号，它是为了便于检索电气控制电路，方便阅读分析、避免遗漏而设置的。图区编号也可以设置在图的上方。

图区编号上方的"电源开关……"等字样表明对应区域下方元器件或电路的功能，使读者能清楚地知道某个元器件或某部分电路的功能，从而便于理解全电路的工作原理。这些字样也可以设置在图的下方。

（3）符号位置的索引　符号位置的索引用图号、页次和图区编号组合而成的索引代号来实现，索引代号的组成如下：

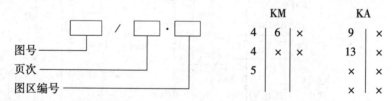

在电气原理图中，接触器和继电器线圈与触头的从属关系应用附图表示，即在电气原理图中相应线圈的下方，给出触头的文字符号，并在其下面注明相应触头的索引代号，对未使用的触头用"×"表示，有时也可采用省去触头的表示法。

对于接触器 KM，上述表示法中各栏的含义如下：

左栏	中栏	右栏
主触头所在图区编号	辅助常开触头所在图区编号	辅助常闭触头所在图区编号

对于继电器 KA，上述表示法中各栏的含义如下：

左栏	右栏
常开触头所在图区编号	常闭触头所在图区编号

思考与练习

1. 单项选择题

1）下列各型号熔断器中，分断能力最强的型号是（　　　）。

A. RL6　　　　　　B. RC1A　　　　　　C. RM10　　　　　　D. RT14

2）螺旋式熔断器与金属螺纹壳相连的接线端应与（　　　）相连。

A. 负载　　　　　B. 电源　　　　　C. 负载或电源　　　D. 不确定

3）同一电器的各个部件在图中可以不画在一起的图是（　　　）。

A. 电气原理图　　B. 电器布置图　　C. 安装接线图　　D. 电气原理图和安装接线图

4）在异步电动机直接起动控制电路中，熔断器额定电流一般应取电动机额定电流的多少倍？（　　　）

A. 4~7 倍　　　　B. 2.5~3 倍　　　C. 1 倍　　　　　D. 1.5~2.5 倍

2. 判断题

1）开启式负荷开关安装时，合闸状态手柄应向下。　　　　　　　　　　　　（　　　）

2）熔断器的额定电流应不小于熔体的额定电流。　　　　　　　　　　　　　（　　　）

3）在螺旋式熔断器的熔管内要填充石英砂，起灭弧作用。　　　　　　　　　（　　　）

4）刀开关可以用于分断堵转的电动机电源。　　　　　　　　　　　　　　　（　　　）

5）异步电动机直接起动时的起动电流为额定电流的 4~7 倍，所以电路中配置的熔断器的额定电流也应按电动机额定电流的 4~7 倍来选择。　　　　　　　　　（　　　）

3. 有一台三相异步电动机，额定功率为 14kW，额定电压为 380V，功率因数为 0.85，效率为 0.9，若采用螺旋式熔断器，试选择熔断器的型号。

任务二　点动控制电路

一、任务描述

点动控制电路常用于电动葫芦的操作、地面操作的小型起重机及某些机床辅助运动的电气控制。在这些控制电路中，要求电动机具有点动控制功能，即按下起动按钮，电动机运转；松开起动按钮，电动机停转。

本任务要求识读图 1-16 所示的点动控制电路，并掌握其工作原理，按工艺要求完成电路的连接，并能进行电路的检查和故障排除。

二、任务目标

1）会识别和使用组合开关、熔断器、接触器和按钮。

2）能正确识读电动机点动控制电路的电气原理图，根据电气原理图绘制电气安装接线图，并按电气安装接线工艺要求完成安装接线。

3）能够对安装好的电路进行检测和通电试验，会用万用表检测电路和排除常见的电气故障。

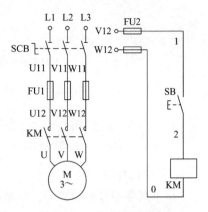

图 1-16 点动控制电路

三、任务实施

要对图 1-16 所示的电路进行安装接线并通电试验，首先要认识图中所用到的元器件。本任务中用到的元器件有组合开关、熔断器、接触器和按钮。通过引导学生对元器件进行外形观察、参数识读及测试等相关活动，使学生掌握这些元器件的功能和使用方法。下面就来学习电路中所涉及的元器件。

（一）组合开关

组合开关又称转换开关，常用于机床电气控制电路中作为电源的引入开关，也可用作不频繁接通和断开电路、换接电源和负载以及控制 5kW 以下小容量电动机的正反转和星形－三角形减压起动等。图 1-17 是 HZ10 系列组合开关的外形与结构。

组合开关的电路符号如图 1-18 所示。

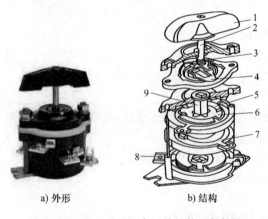

a) 外形　　　　　　　　b) 结构

图 1-17　HZ10 系列组合开关的外形与结构

1—手柄　2—转轴　3—弹簧　4—凸轮　5—绝缘垫板
6—动触头　7—静触头　8—接线柱　9—绝缘方轴

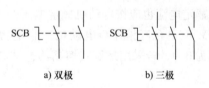

a) 双极　　　　　　b) 三极

图 1-18　组合开关的电路符号

组合开关型号的含义如下：

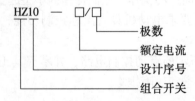

组合开关本身不带过载和短路保护装置，在它所控制的电路中必须另外加装保护装置。组合开关的选用应根据电源种类、电压等级、所需触头数和额定电流来确定。用于照明

电路或电热电路时，组合开关的额定电流应大于或等于负载电流；用于电动机控制电路时，组合开关的额定电流一般取电动机额定电流的 1.5 ~ 2.5 倍。

（二）接触器

接触器是一种用于远距离频繁接通或断开交、直流主电路及大容量控制电路的自动电器。其主要控制对象是电动机，也可用于控制其他负载。它不仅能实现远距离自动操作和欠电压保护功能，而且具有控制容量大、工作可靠、操作频率高及使用寿命长等优点。

接触器按主触头通断电流的种类可分为交流接触器和直流接触器两类。在机床电气控制电路中，主要采用的是交流接触器。

1. 接触器的主要结构

接触器主要由电磁机构、触头系统、灭弧装置及辅助部件等组成。CJ10 - 20 型交流接触器的结构如图 1-19a 所示。

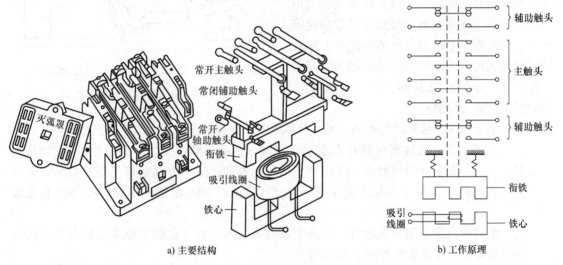

a) 主要结构   b) 工作原理

图 1-19 交流接触器的结构和工作原理

（1）电磁机构 接触器的电磁机构主要由线圈、铁心（静铁心）和衔铁（动铁心）三部分组成。其作用是利用线圈的通电或断电使衔铁和铁心吸合或释放，从而带动触头闭合或分断，实现接通或断开电路的目的。

接触器的衔铁运动方式有两种，对于额定电流为 40A 及以下的接触器，采用图 1-20a 所示的衔铁直线运动式；对于额定电流为 60A 及以上的接触器，采用图 1-20b 所示的衔铁绕轴转动拍合式。

为了减少工作过程中交变磁场在铁心中产生的涡流损耗及磁滞损耗，避免铁心过热，交流接触器的铁心和衔铁一般用 E 形硅钢片叠压铆成。尽管如此，铁心仍是交流接触器发热的主要部件。为增大铁心的散热面积，避免线圈与铁心直接接触而受热烧损，交流接触器的线圈一般做成粗而短的圆筒形，并且绕在绝缘骨架上，使铁心与线圈之间有一定的间隙。

交流接触器在运行过程中，线圈中通入的交流电在铁心中产生交变的磁通，因此铁心与衔铁间的电磁吸力也是变化的。当交流电过零点时，电磁吸力小于弹簧反力，这会使衔铁产生振动，发出噪声。为了降低衔铁的振动和噪声，通常在铁心端面开一小槽，槽内嵌入铜质短路环，如图 1-21 所示。

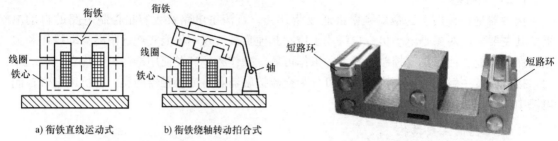

a) 衔铁直线运动式　　　　b) 衔铁绕轴转动拍合式

图 1-20　　接触器的电磁机构

图 1-21　　交流接触器铁心端面的短路环

（2）触头系统　接触器的触头系统由主触头和辅助触头组成。主触头用来通断大电流的主电路，辅助触头一般允许通过的电流较小，接在控制电路或小电流电路中。触头按接触情况可分为点接触、线接触和面接触三种形式，如图 1-22 所示，接触面积越大，则通断电流能力越强。

a) 点接触式　　　b) 线接触式　　　c) 面接触式

图 1-22　　触头的三种接触形式

为了消除触头在接触时的振动，减小接触电阻，在接触器的触头上装有接触弹簧。

（3）灭弧装置　接触器在断开大电流电路时，在动、静触头之间会产生很强的电弧。电弧的产生，一方面会灼伤触头，缩短触头的使用寿命；另一方面会使电路的切断时间延长，甚至造成弧光短路或引起火灾事故。因此，容量在 10A 以上的接触器中都装有灭弧装置。

低压电器中通常采用拉长电弧、冷却电弧或将电弧分成多段的措施来促使电弧尽快熄灭。接触器常用的灭弧装置如图 1-23 所示。

图 1-23a 是利用电动力灭弧，常用于小容量的交流接触器中；图 1-23b 是采用灭弧栅片灭弧，灭弧栅对交流电弧的灭弧效果较好，因此常用于中、大容量的交流接触器中；图 1-23c 是利用灭弧罩的窄缝灭弧，灭弧罩通常用陶土、石棉水泥或耐弧塑料制成；图 1-23d 是磁吹灭弧，常用于直流接触器中。

（4）辅助部件　接触器的辅助部件有反作用弹簧、缓冲弹簧、触头压力弹簧、传动机构、底座及接线柱等。反作用弹簧的作用是：线圈断电后，推动衔铁释放，使各触头恢复原始状态。缓冲弹簧的作用是：缓冲衔铁在吸合时对铁心和接触器外壳的冲击力。触头压力弹簧的作用是：增加动、静触头间的压力，从而增大触头接触面积，减小接触电阻。传动机构的作用是：在衔铁或反作用弹簧的作用下，带动动触头实现与静触头的接通或分断。

2. 接触器的工作原理

接触器的工作原理如图 1-19b 所示。当接触器的线圈通电后，线圈中流过的电流产生磁场，使铁心产生足够大的吸力，衔铁在铁心吸力的作用下克服反作用弹簧的反作用力，与铁心吸合，并通过传动机构带动辅助常闭触头断开、三对主触头和常开辅助触头闭合。当接触器线圈断电或电压显著下降时，由于电磁吸力消失或过小，衔铁在反作用弹簧力的作用下复

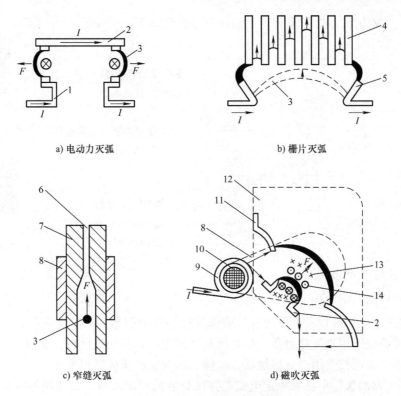

a) 电动力灭弧　　　　　　　　　　b) 栅片灭弧

c) 窄缝灭弧　　　　　　　　　　d) 磁吹灭弧

图 1-23　接触器常用灭弧装置

1—静触头　2—动触头　3—电弧　4—灭弧栅片　5—触头　6—纵缝　7—介质

8—导磁夹板　9—磁吹线圈　10—铁心　11—引弧角　12—灭弧罩

13—磁吹线圈磁场　14—电弧电流磁场

位，并带动各触头恢复到原始状态。常用 CJ10 等系列的交流接触器在 0.85 ~ 1.05 倍的额定电压下能可靠吸合。

3. 接触器的主要技术参数和常用型号

接触器的主要技术参数有额定电压、额定电流等。

（1）额定电压　接触器的额定电压是指主触头的正常工作电压。交流接触器的额定电压有127V、220V、380V、500V 及 660V 等；直流接触器的额定电压有 110V、220V、440V 及 660V 等。

（2）额定电流　接触器的额定电流是指主触头的正常工作电流。直流接触器的额定电流有 40A、80A、100A、150A、250A、400A 及 600A 等；交流接触器的额定电流有 10A、20A、40A、60A、100A、150A、250A、400A 及 600A 等。

（3）线圈的额定电压　交流接触器线圈的额定电压一般有 36V、127V、220V 和 380V 四种，直流接触器线圈的额定电压一般有 24V、48V、110V、220V 和 440V 五种。

（4）额定操作频率　由于交流线圈在通电瞬间有很大的起动电流，如果通断次数过多，就会引起线圈过热，所以限制了交流接触器每小时的通断次数，即额定操作频率。一般交、直流接触器的额定操作频率最高为 600 次/h 和 1200 次/h。

常用的交流接触器有 CJ20、CJX1、CJX2、CJ12 和 CJ0 等系列，直流接触器有 CZ18、

CZ21、CZ22、CZ10 和 CZ2 等系列。它们的型号含义如下：

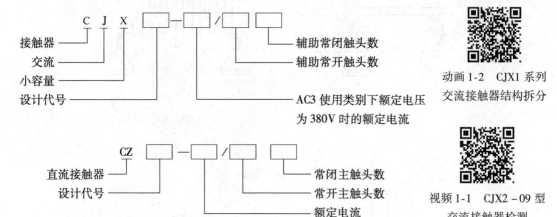

动画 1-2　CJX1 系列
交流接触器结构拆分

视频 1-1　CJX2 – 09 型
交流接触器检测

4. 接触器的正确选用

接触器的选用原则有如下几个方面。

1）根据用电系统或设备的种类和性质选择接触器的类型。一般交流负载应选用交流接触器，直流负载应选用直流接触器。如果控制系统中主要是交流负载，直流电动机或直流负载的容量较小，也可都选用交流接触器，但触头的额定电流应选得大些。

2）根据电路的额定电压和额定电流选择接触器的额定参数。被选用的接触器主触头额定电压和额定电流应大于或等于负载的额定电压和额定电流。

3）选择接触器线圈的电压。如果控制电路比较简单，所用接触器的数量较少，则交流接触器线圈的额定电压一般直接选用 380V 或 220V。如果电路比较复杂，使用电器又较多，为了安全起见，线圈额定电压可选得低一些，这时需要加一个变压器，称为控制变压器。接触器线圈的额定电压有多种，可以选择线圈的额定电压和控制电路电压一致。

此外，应注意电源的类型。如果把直流电压线圈加上交流电压，因阻抗太大，电流太小，则接触器往往不能吸合。如果把交流电压线圈加上直流电压，因电阻太小，电流太大，则会烧坏线圈。因此，一台线圈额定电压是 220V 的交流接触器是不能接在 DC 220V 的电源上使用的。

5. 接触器的电路符号

接触器在电路图中的符号如图 1-24 所示。

（三）按钮

按钮是一种手动操作、可以自动复位的主令电器，适用于 AC 500V 或 DC 440V、电流为 5A 以下的电路中。一般情况下，它不直接操纵主电路的通断，而是在控制电路中发出"指令"，去控制接触器、继电器的线圈回路，再由它们的触头去控制相应的电路。

1. 按钮的结构

按钮的结构与电路符号如图 1-25 所示。它一般由按钮帽、复位弹簧、桥式动触头、静触头和外壳等组成。按钮通常被制成具有常开触头和常闭触头的复式结构。指示灯式按钮内可装入信号灯以显示信号。

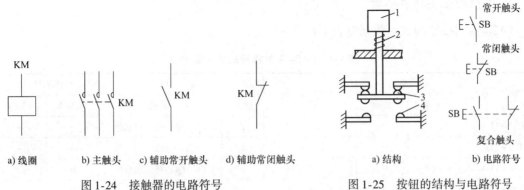

a) 线圈   b) 主触头   c) 辅助常开触头   d) 辅助常闭触头

图 1-24　接触器的电路符号

a) 结构   b) 电路符号

图 1-25　按钮的结构与电路符号

1—按钮帽　2—复位弹簧　3—动触头　4—静触头

　　当未被按下时，按钮的常闭触头是闭合的，常开触头是断开的；当被按下时，其常闭触头断开而常开触头闭合；放开后，按钮各触头自动复位。

　　为了便于识别各个按钮的作用，避免误动作，通常在按钮帽上作出不同标记或涂上不同的颜色。一般红色作为停止按钮，绿色作为起动按钮。目前常用的按钮有 LA18、LA19、LA20 和 LA25 等系列。

动画 1-3　LA39 系列按钮结构拆分

　　图 1-26 所示为 LA39 系列按钮，有两对触头，其中 11、12 是常闭触头接线端子，23、24 是常开触头接线端子。

　　LA4 - 3H 型组合按钮共 3 个按钮，每个按钮都对应一对常开触头和一对常闭触头，每对触头的两个接线端子呈现对角线布置，如图 1-27 所示。

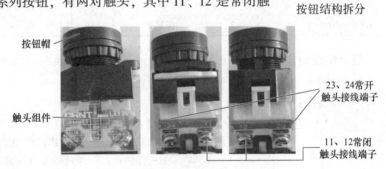

图 1-26　LA39 系列按钮

a) 外形

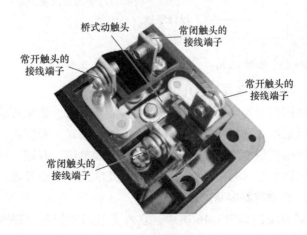

b) 一个按钮的结构示意图

图 1-27　LA4 - 3H 型组合按钮

2. 按钮的主要技术参数

LA20 系列按钮的技术数据见表 1-6。

表 1-6　LA20 系列按钮的技术数据

型　号	触头数量		结 构 形 式	按　钮			指示灯	
	常开	常闭		钮数	颜色		电压/V	功率/W
LA20 – 11	1	1	按钮式	1	红、绿、黄、白或黑		—	—
LA20 – 11J	1	1	紧急式	1	红		—	—
LA20 – 11D	1	1	带灯按钮式	1	红、绿、黄、白或黑		6	<1
LA20 – 11DJ	1	1	带灯紧急式	1	红		6	<1
LA20 – 22	2	2	按钮式	1	红、绿、黄、白或黑		—	—
LA20 – 22J	2	2	紧急式	1	红		—	—
LA20 – 22D	2	2	带灯按钮式	1	红、绿、黄、白或黑		6	<1
LA20 – 22DJ	2	2	带灯紧急式	1	红		6	<1
LA20 – 2K	2	2	开启式	2	白红或绿红		—	—
LA20 – 3K	3	3	开启式	3	白、绿、红		—	—
LA20 – 2H	2	2	保护式	2	白红或绿红		—	—
LA20 – 3H	3	3	保护式	3	白、绿、红		—	—

更换按钮时应注意：停止按钮必须是红色的；急停按钮必须是红色蘑菇头按钮；起动按钮呈绿色(若是正反转起动,一个方向呈黑色)。

LA 系列按钮型号的含义如下：

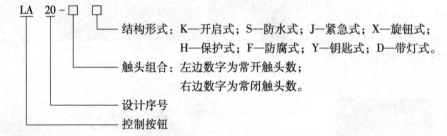

　结构形式：K—开启式；S—防水式；J—紧急式；X—旋钮式；
　　　　　H—保护式；F—防腐式；Y—钥匙式；D—带灯式。
　触头组合：左边数字为常开触头数；
　　　　　右边数字为常闭触头数。
　设计序号
　控制按钮

3. 按钮的正确选用

按钮的选用原则有如下几个方面。

1）根据使用场合选择按钮的种类,如开启式、防水式或防腐式等。
2）根据用途选择按钮的结构形式,如钥匙式、紧急式或带灯式等。
3）根据控制电路的需求确定按钮数,如单钮、双钮、三钮或多钮等。
4）根据工作状态指示和工作情况的要求选择按钮及指示灯的颜色。

（四）点动控制电路的分析

点动控制电路如图 1-16 所示,它由主电路和控制电路两部分组成。主电路在电源开关 SCB 的出线端按相序依次编号为 U11、V11、W11,然后按从上至下、从左到右的顺序递增；控制电路的编号按"等电位"原则从上至下、从左到右的顺序依次从 1 开始递增编号。

1. 识读电路图

点动控制电路的识读过程见表 1-7。

表 1-7 点动控制电路的识读过程

序 号	识读任务	电路组成	元器件名称	功 能
1	读主电路	SCB	组合开关	引入三相电源
2		FU1	熔断器	主电路的短路保护
3		KM 主触头	接触器主触头	控制电动机的运转与停止
4		M	三相异步电动机	被控对象
5	读控制电路	FU2	熔断器	控制电路的短路保护
6		SB	按钮	发布起动与停止信号
7		KM 线圈	接触器线圈	控制接触器触头的动作

2. 识读电路的工作过程

识读电路的工作过程，就是描述电路中各电器的动作过程，可以采用叙述法或流程法，流程法就是电路正常工作时各电器的动作顺序，用电器动作及触头的通断表示。应用流程法便于理解和分析电路，在实际中比较常用。

（1）叙述法 起动时，闭合电源开关 SCB。按下按钮 SB，接触器 KM 的线圈通电，接触器的三对主触头闭合，电动机接通三相交流电源直接起动运转。松开按钮 SB，接触器 KM 的线圈断电，接触器的主触头断开，电动机断开三相交流电源而停止运转。

（2）流程法 闭合电源开关 SCB。

1）起动过程。按下 SB→KM 线圈得电→KM 主触头闭合→电动机得电运转。

2）停止过程。松开 SB→KM 线圈失电→KM 主触头断开→电动机断电停转。

3. 电路安装接线

（1）绘制电气安装接线图 对照图 1-16 所示的电动机点动控制电路，在电气原理图上标注线号，绘出电动机点动控制电路的电气安装接线图，如图 1-28 所示。其中，电动机不在电气安装接线板上，所以没有画出，电气安装底板上的元器件与外部元器件的连接必须通过接线端子板 XT 进行对接，如按钮和电动机定子绕组的接线。

（2）安装接线

1）检查。检查内容主要是利用万用表检查电源开关的接通情况、接触器主触头的接通情况、按钮的接通情况及接触器的线圈电阻。

2）固定电气元器件。按照电气安装接线图规定的位置将电气元器件固定摆放在电气安

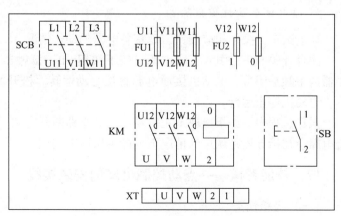

图 1-28 点动控制电路的电气安装接线图

装底板上，注意使 FU1 中间一相熔断器和 KM 中间一对主触头的接线端子成一直线，以保证主电路的美观整齐。

3）接线。接线时先接主电路，再接控制电路。

主电路从组合开关 SCB 的下接线端子开始，所用导线的横截面积应根据电动机的额定电流来适当选取。接线时应做到横平竖直、分布对称。

接线过程中避免导线交叉、架空和重叠；导线变换走向要弯成直角，并做到高低一致或前后一致；严禁损伤线芯和导线绝缘层，接点上不能露铜丝太长；每个接线端子上连接的导线根数一般以不超过两根为宜，并保证接线牢固；进出线应合理汇集在接线端子板上。

对于螺栓式接点，如螺旋式熔断器的接线，在导线连接时，应打羊眼圈，并按顺时针旋转。对于瓦片式接点，如接触器的触头、热继电器的热元件和触头，在进行导线连接时，直线插入接点固定即可。

图 1-29 是局部接线实例图。

图 1-29   接线实例图（局部）

4. 电路断电检查

按电气原理图或电气安装接线图从电源端开始，逐段核对线号及接线端子处是否正确，有无漏接、错接之处。检查导线接点是否符合要求，压接是否牢固。用万用表检查电路的通断情况。检查时，应选用倍率适当的欧姆档，并进行校零。

视频 1-2   电气接线工艺

对控制电路进行检查时，可先断开主电路（使 SCB 处于断开位置），再将万用表的两表笔分别搭在 FU2 的两个出线端上（V12 和 W12），此时读数应为"∞"。按下按钮 SB 时，读数应为接触器线圈的电阻值；压下接触器 KM 衔铁时，读数也应为无穷大。

对主电路进行检查时，电源线 L1、L2、L3 先不要通电，闭合 SCB，压下接触器 KM 的衔铁来代替接触器线圈得电吸合时的情况进行检查，依次测量从电源端（L1、L2、L3）到电动机出线端子（U、V、W）的每一相线路的电阻值，检查是否存在开路或接触不良的现象。

5. 通电试车及故障排除

通电试车，操作相应按钮，观察各电器的动作情况。

闭合开关 SCB，引入三相电源，按下按钮 SB，接触器 KM 的线圈通电，衔铁吸合，接触器的主触头闭合，电动机接通电源直接起动运转。松开 SB 时，KM 的线圈断电，衔铁释放，电动机停止运行。

操作过程中，如果出现不正常现象，应立即断开电源，分析故障原因，用万用表仔细检查电路。在指导教师认可的情况下才能再次通电调试。

四、技能考核——点动控制电路的安装接线

（一）考核任务

1）在规定时间内按工艺要求完成点动控制电路的安装接线，且通电试验成功。

2）安装工艺应达到基本要求，线头长短应适当且接触良好。

3）遵守安全规程，做到文明生产。

（二）考核要求及评分标准

考核要求及评分标准见表1-8。

1. 安装接线（20分）

表1-8　安装接线评分标准

	要　　求	评分标准	扣　　分
连接线端	对于螺栓式接点，在导线连接时，应打羊眼圈，并按顺时针旋转。对于瓦片式接点，在导线连接时，直线插入接点固定即可	每处错误扣2分	
	严禁损伤线芯和导线绝缘层，接点上不能露铜丝太长	每处错误扣2分	
	每个接线端子上连接的导线根数一般以不超过两根为宜，并保证接线牢固	每处错误扣1分	
线路工艺	走线合理，做到横平竖直，布线整齐，各接点不能松动	每处错误扣1分	
	导线出线应留有一定的余量，并做到长度一致	每处错误扣1分	
	导线变换走向要弯成直角，并做到高低一致或前后一致	每处错误扣1分	
	避免交叉线、架空线、绕线和叠线	每处错误扣2分	
	导线折弯处应折成直角	每处错误扣1分	
整体布局	板面线路应合理汇集成线束	每处错误扣1分	
	进出线应合理汇集在端子排上	每处错误扣1分	
	整体走线应合理美观	酌情扣分	

2. 不通电测试（20分，每错一处扣5分，扣完为止）

（1）主电路的测试　电源线L1、L2、L3先不要通电，闭合电源开关SCB，压下接触器KM的衔铁，使KM主触头闭合，用万用表的欧姆档测量从电源端（L1、L2、L3）到电动机出线端子（U、V、W）的每一相电路的电阻，将电阻值填入表1-9中。

（2）控制电路的测试　按下按钮SB，测量控制电路两端（V12 - W12）的电阻，将电阻值填入表1-9中；压下接触器KM的衔铁，测量控制电路两端（V12 - W12）的电阻，将电阻值填入表1-9中。

表1-9　点动控制电路的不通电测试记录

操作步骤	主电路			控制电路（V12 - W12）	
	闭合QS、压下KM的衔铁			按下SB	压下KM的衔铁
电阻值/Ω	L1 - U	L2 - V	L3 - W		

3. 通电测试（60分）

在使用万用表检测后，把L1、L2、L3三端接上电源，闭合开关SCB通电试车。考核表见表1-10。

表1-10   点动控制电路的通电测试考核表

测试情况	配分	得分	故障原因
一次通电成功	60分		
二次通电成功	40~50分		
三次及以上通电成功	30分		
不成功	10分		

五、拓展知识——电气安装接线图的绘制

电气安装接线图是表示设备电气电路连接关系的一种简图。它是根据电气原理图和电气元器件布置图编制而成的，主要用于设备的电气电路的安装接线、检查、维修和故障处理。在实际应用中，电气安装接线图通常需要与电气原理图和电气元器件布置图一起使用。

1. 绘制电气安装接线图的原则

电气安装接线图能反映元器件的实际位置和尺寸比例等。在绘制电气安装接线图时，各电气元器件要按在安装底板(或电气柜)中的实际位置绘出；元器件所占的面积按它的实际尺寸依统一比例绘制；同一元器件的所有部件应画在一起，并用点画线框起来。各电气元器件的位置关系要根据安装底板的面积、长宽比例及连接线的顺序来决定，不得违反安装规程。另外，还需注意以下几点：

1) 电气安装接线图中的电路标号是电气设备之间、电气元器件之间及导线与导线之间的连接标记，它的文字符号和数字符号应与电气原理图中的标号一致。

2) 各电气元器件上凡是需要接线的部件端子都应绘出，并标上端子编号，且应与电气原理图上相应的线号一致；同一根导线上连接的所有端子的编号应相同。

3) 安装底板(或控制柜内)的电气元器件与外部电气元器件之间的连线，应通过接线端子排进行连接。

4) 走向相同的相邻导线可以绘成一股线。

2. 绘制电气安装接线图的简要步骤

绘制电气安装接线图时一般按如下几个步骤进行。

(1) 标线号   在电气原理图上定义并标注每一根导线的线号。主电路线号的标注通常采用字母加数字的方法标注，控制电路线号的标准采用数字标注。对控制电路标注线号时，可以用由上到下、由左到右的顺序标注。线号标注的原则是每经过一个电气元器件，变换一次线号(不含接线端子)。

(2) 画元器件框及符号   依照安装位置，在电气安装接线图上画出元器件的电气符号及外框。

(3) 填充连线的去向和线号   在元器件连接导线的线侧和线端标注线号。

绘制好电气安装接线图后，应对照电气原理图仔细核对，防止错画、漏画，避免给制作电路和试车造成麻烦。

3. 电气控制电路的制作

掌握电动机控制电路的制作方式，是实现电动机控制电路从电气原理图到电动机实际控

制运行的关键。

（1）分析电气原理图　在制作电动机电气控制电路前，必须明确电气元器件的数目、种类及规格；根据控制要求，弄清各电气元器件间的控制关系及连接顺序；分析控制动作，确定检查电路的方法等。对于复杂的控制电路，应弄清它由哪些控制环节组成，分析各环节之间的逻辑关系。**注意**：电气原理图中应标注线号。从电源端起，各相线分开，到负载端为止。应做到一线一号，不得重复。

（2）绘制电气安装接线图　根据电气原理图，按2中的几步绘制电气安装接线图。

（3）安装接线

1）检查电气元器件。为了避免电气元器件自身的故障对电路造成影响，安装接线前应对所有的电气元器件逐个进行检查。核对各元器件的规格与图样要求是否一致。

2）固定电气元器件。按照电气安装接线图规定的位置将电气元器件固定在安装底板上。相邻电气元器件之间的距离要适当，既要节省面板，又要便于走线和投入运行后的检修。

3）定位。用尖锥在安装孔中心做好记号。元器件应排列整齐，以保证连接导线做得横平竖直、整齐美观，同时应尽量减少弯折。

4）打孔固定。用手钻在记号处打孔，孔径应略大于固定螺钉的直径。用螺钉将电气元器件固定在安装底板上。

5）按电气安装接线图接线。接线一般从电源端开始按线号顺序接线，先接主电路，后接控制电路。

（4）检查电路和通电试车

1）检查电路。制作好的控制电路必须经过认真检查后才能通电试车，以防止错接、漏接及电气故障引起的电路动作不正常，甚至造成短路事故。检查时，先核对接线，然后检查端子接线是否牢固，最后用万用表的欧姆档来检查电路的连接情况。

2）通电试车与调整

① 试车前的准备。清点工具；清除线头杂物；装好接触器的灭弧罩；检查各组熔断器的熔体；分断各开关，使按钮、开关处于未操作状态；检查三相电源的对称性等。

② 空载试车。先切除主电路(断开主电路熔断器)，装好控制电路熔断器，接通三相电源，使电路不带负载通电操作，检查控制电路工作是否正常。操作各按钮检查它们对接触器、继电器的控制作用；检查线圈有无过热现象等。

③ 带负载试车。空载试车动作无误后，即可切断电源，接通主电路，然后再通电，带负载试车。起动后要注意它的运行情况，如发现过热等异常现象，应立即停车，切断电源后进行检查。

思考与练习

1. 单项选择题

1）按钮按下时（　　）

A. 常开触头先闭合，常闭触头再断开　　B. 常闭触头先断开，常开触头再闭合

C. 常开触头、常闭触头同时动作　　D. 根据按钮结构而定

2）交流接触器铁心端面安装短路环的目的是（　　　）

A. 减少铁心振动和噪声　　B. 减少铁心损耗　　C. 增大电磁吸力　　D. 减少铁心发热

3）CJ20－160型交流接触器在380V电压下的额定工作电流为160A，故它在380V电压下能控制的电动机的功率约为（　　　）

A. 20kW　　　　　　B. 160kW　　　　　C. 85kW　　　　　D. 100kW

4）直流接触器通常采用的灭弧方法是（　　　）。

A. 电动力灭弧　　　　　　B. 磁吹灭弧　　　　C. 栅片灭弧　　　　D. 窄缝灭弧

5）接触器主要由电磁机构、触头系统和（　　　）等几部分组成。

A. 线圈　　　　　　　B. 灭弧装置　　　　C. 延时机构　　　　D. 双金属片

6）判断交流接触器还是直流接触器的依据是（　　　）。

A. 线圈电流的性质　　　　　　　　　　B. 主触头电流的性质

C. 主触头额定电流　　　　　　　　　　D. 辅助触头电流的性质

2. 判断题

1）一台额定电压为220V的交流接触器在AC 220V和DC 220V的电源上均可使用。

（　　　）

2）交流接触器通电后如果铁心吸合受阻，将导致线圈烧毁。　　　　　　（　　　）

3）接触器线圈额定电压应和控制电路电源电压相同。　　　　　　　　　（　　　）

4）直流接触器比交流接触器更适用于频繁操作的场合。　　　　　　　　（　　　）

5）在画电气安装接线图时，同一电气元器件的部件都要画在一起。　　　（　　　）

3. 分析图1-30所示的电路能否工作。按下按钮时会出现什么现象？并加以改正。

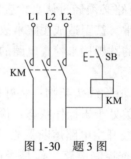

图1-30　题3图

任务三　具有自锁的单向起动控制电路

一、任务描述

电动机单向起动控制电路用于单方向运转的小功率电动机的控制，如小型通风机、水泵以及传动带运输机等机械设备。在这些控制中，要求电路具有电动机连续运的控制功能，即按下起动按钮，电动机运转；松开起动按钮，电动机保持运转，只有按下停止按钮时，电动机才停转。

本任务要求识读图1-31所示的具有自锁的电动机单向起动控制电路，并掌握其工作原理，按工艺要求完成电路的连接，并能进行电路的检查和故障排除。

二、任务目标

1）能识别和使用低压断路器和热继电器。

2）能识读具有自锁的电动机单向起动控制电路的电气原理图，了解电路中所用电气元器件的作用。会根据电气原理图绘制电气安装接线图，并按工艺要求完成安装接线。

3）能够对安装好的电路进行检测和通电试验，并能用万用表检测电路和排除常见的电气故障。

三、任务实施

图 1-31　具有自锁的单向起动控制电路

要对图 1-31 所示的电路进行安装接线并通电试验，首先要认识图中所出现的新器件：低压断路器和热继电器。通过引导学生对器件进行外形观察、参数识读及测试等相关活动，使学生掌握元器件的功能和使用方法。下面就来学习低压断路器和热继电器。

（一）低压断路器

低压断路器旧称自动空气开关。它是一种既能作为开关，又具有电路自动保护功能的低压电器。当电路发生过载、短路及失电压或欠电压等故障时，低压断路器能自动切断故障电路，有效地保护串接在它后面的电气设备。在正常情况下，低压断路器也可用于不频繁接通和断开电路及控制电动机。

1. 低压断路器的结构和工作原理

低压断路器主要由触头、灭弧装置和各种脱扣器等几部分组成、触头用于通断电路；各种脱扣器用于检测电路异常状态并做出反应，即保护性动作的部件；还有操作机构和自由脱扣机构，它们是中间联系部件。图 1-32 是塑壳式低压断路器的外形、结构和电路符号。

a) 外形

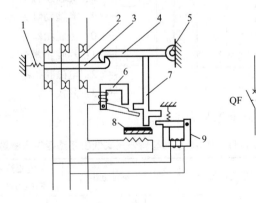

b) 结构

c) 电路符号

视频 1-3　DZ47-60
型低压断路器检测

图 1-32　塑壳式低压断路器的外形、结构和电路符号

1—复位弹簧　2—主触头　3—传动杆　4—锁扣　5—轴

6—过电流脱扣器　7—杠杆　8—热脱扣器　9—欠电压（失电压）脱扣器

图1-32b中,主触头2有三对,串联在被控制的三相主电路中。当手动按下手柄为"合"位置时,主触头2保持在闭合状态,传动杆3由锁扣4钩住。要使开关分断时,按下手柄为"分"位置,锁扣4被杠杆7顶开(锁扣可绕轴5转动),主触头2就被弹簧1拉开,电路被分断。

低压断路器的自动分断是由过电流脱扣器6、热脱扣器8和欠电压(失电压)脱扣器9使锁扣4被杠杆7顶开而完成的。过电流脱扣器6的线圈和主电路串联,当电路工作正常时,所产生的电磁吸力不能将衔铁吸合,只有当电路发生短路或产生很大的过电流时,电磁吸力才能将衔铁吸合,从而撞击杠杆7,顶开锁扣4,使主触头2断开,最终将电路分断。

欠电压(失电压)脱扣器9的线圈并联在主电路上,当电路电压正常时,电磁吸力能够克服弹簧的拉力而将衔铁吸合,当电路电压降到某一值以下,电磁吸力小于弹簧的拉力时,衔铁被弹簧拉开、撞击杠杆7使锁扣被顶开,则主触头2断开,分断电路。

当电路发生过载时,过载电流通过热脱扣器8的发热元件而使双金属片受热弯曲,于是杠杆7顶开锁扣,使主触头2断开,从而起到过载保护作用。

根据不同的用途,低压断路器可配备不同的脱扣器。

2. 低压断路器的分类

低压断路器按结构分有万能式(框架式)和塑料外壳式(装置式)两种。常用的塑料外壳式低压断路器作为电源引入开关,用于宾馆、机场、车站等大型建筑的照明电路,或作为控制和保护不频繁起动、停止的电动机开关,其操作方式多为手动,主要有扳动式和按钮式两种。万能式低压断路器主要用于供配电系统。

低压断路器与刀开关和熔断器相比,具有以下优点:结构紧凑、安装方便、操作安全,而且在进行短路保护时,由于用过电流脱扣器将电源同时切断,避免了电动机断相运行的可能。另外,低压断路器的脱扣器可以重复使用,不必更换。

塑料外壳式低压断路器常用型号有DZ5、DZ15、DZ20等系列。低压断路器型号的含义如下:

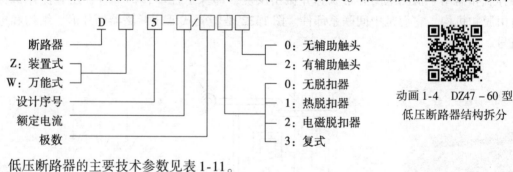

动画1-4　DZ47-60型
低压断路器结构拆分

低压断路器的主要技术参数见表1-11。

表1-11　DZ15系列塑料外壳式低压断路器技术参数

型号	极数	额定电流/A	额定电压/V	额定短路分断能力/kA	机械寿命/万次	电寿命/万次
DZ15-40	1	6、10、16、20、25、32、40	AC220	3	1.5	1.0
	2、3		AC380			
DZ15-63	1	10、16、20、25、32、40、50、63	AC220	5	1.0	0.6
	2、3、4		AC380			

3. 低压断路器的选用

1）低压断路器的额定电压和额定电流应不小于电路的额定电压和最大工作电流。

2）热脱扣器的整定电流应与所控制负载的额定工作电流一致。

3）欠电压脱扣器的额定电压应等于电路的额定电压。

4）过电流脱扣器的瞬时脱扣整定电流应大于负载电流正常工作时的最大电流。

对于单台电动机，DZ 系列低压断路器的过电流脱扣器瞬时脱扣整定电流 I_z 为

$$I_z \geqslant (1.5 \sim 1.7) I_q \tag{1-3}$$

式中，I_q 为电动机的起动电流。

对于多台电动机，DZ 系列低压断路器的过电流脱扣器瞬时脱扣整定电流 I_z 为

$$I_z \geqslant (1.5 \sim 1.7) I_{qmax} + \sum I_N \tag{1-4}$$

式中，I_{qmax} 为最大一台电动机的起动电流；$\sum I_N$ 为其他电动机的额定电流之和。

（二）热继电器

热继电器是一种利用电流的热效应原理工作的保护电器，在电路中用作电动机的长期过载保护。电动机在实际运行中，当负载过大、电压过低或发生一相断路故障时，流过电动机的电流都要增大，其值往往超过额定电流。若过载不大、时间较短及绕组温升不超过允许范围，是允许的。但若过载时间较长，绕组温升超过允许值，电路中熔断器的熔体又不会熔断，这将会加剧绕组的老化，影响电动机的寿命，严重时甚至烧毁电动机。因此，凡是长期运行的电动机必须设置过载保护。

1. 热继电器的主要结构

热继电器种类较多，双金属片式热继电器由于结构简单、体积较小而且成本较低，所以应用最为广泛。其结构和电路符号如图 1-33 所示。

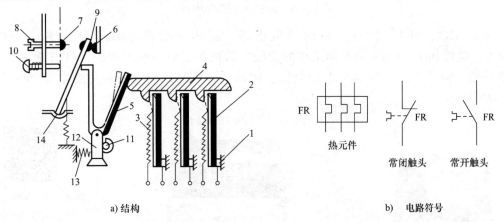

a) 结构   b) 电路符号

图 1-33 双金属片式热继电器的结构和电路符号

1—双金属片固定端 2—主双金属片 3—热元件 4—导板 5—补偿双金属片 6、7—静触头
8—调节螺钉 9—动触头连杆 10—复位按钮 11—调节偏心轮 12—支撑件 13—弹簧 14—瓷片

热继电器主要由热元件、触头系统两部分组成。热元件有两个的，也有三个的。如果电源的三相电压均衡，电动机的绝缘性能良好，则三相线电流必相等，用两相结构的热继电器已能对电动机进行过载保护。当电源电压严重不平衡或电动机的绕组内部有短路故障时，就有可能使电动机的某一相的线电流比其余两相的高，两个热元件的热继电器就不能可靠地起

到保护作用，这时就要用三相结构的热继电器。

热继电器可以作过载保护但不能作短路保护，因其双金属片从升温到以至变形断开常闭触头有一个时间过程，不可能在短路瞬间迅速分断电路。

热继电器的热元件串联在接有电动机的主电路中，其常闭触头串联在控制电路中。

热继电器常用的型号有 JR16、JR20 及 JR36 等系列，其外形如图 1-34 所示。其型号含义如下：

$$JR\ \square\ -\ \square\ /\ \square\ D$$

热继电器
设计代号
额定电流
相数
带断相保护

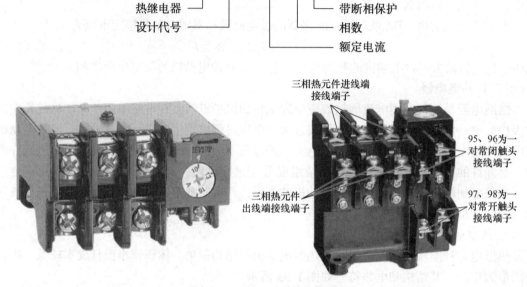

三相热元件进线端
接线端子

95、96 为一
对常闭触头
接线端子

97、98 为一
对常开触头
接线端子

三相热元件
出线端接线端子

图 1-34　JR36 系列热继电器

正泰 NR3、NR4（JRS2）系列热继电器，适用于交流 50Hz、额定电压 690V、1000V，电流 0.1～180A 的长期工作的交流电动机的过载与断相保护，具有断相保护、温度补偿、动作指示、自动与手动复位，产品动作可靠。NR4 系列热继电器的外形如图 1-35 所示。

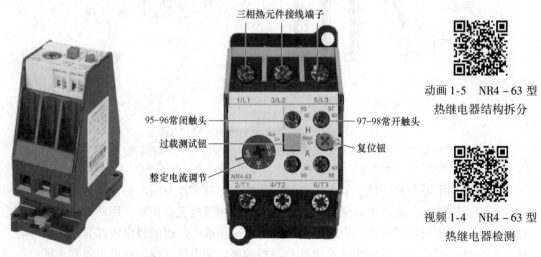

三相热元件接线端子

95-96 常闭触头
过载测试钮
整定电流调节

97-98 常开触头
复位钮

动画 1-5　NR4－63 型
热继电器结构拆分

视频 1-4　NR4－63 型
热继电器检测

图 1-35　NR4 系列热继电器

2. 热继电器的主要技术参数

JR20 系列热继电器的额定电流有 10A、16A、25A、63A、160A、250A、400A 及 630A 等 8 级，其整定电流范围见表 1-12。

表 1-12　JR20 系列热继电器的整定电流范围

型　号	热元件号	整定电流范围/A	型　号	热元件号	整定电流范围/A
JR20 - 10	1R	0.1 ~ 0.13 ~ 0.15	JR20 - 25	1T	7.8 ~ 9.7 ~ 11.6
	2R	0.15 ~ 0.19 ~ 0.23		2T	11.6 ~ 14.3 ~ 17
	3R	0.23 ~ 0.29 ~ 0.35		3T	17 ~ 21 ~ 25
	4R	0.35 ~ 0.44 ~ 0.53		4T	21 ~ 25 ~ 29
	5R	0.53 ~ 0.67 ~ 0.8	JR20 - 63	1U	16 ~ 20 ~ 24
	6R	0.8 ~ 1 ~ 1.2		2U	24 ~ 30 ~ 36
	7R	1.2 ~ 1.5 ~ 1.8		3U	32 ~ 40 ~ 47
	8R	1.8 ~ 2.2 ~ 2.6		4U	40 ~ 47 ~ 55
	9R	2.6 ~ 3.2 ~ 3.8		5U	47 ~ 55 ~ 62
	10R	3.2 ~ 4 ~ 4.8		6U	55 ~ 63 ~ 71
	11R	4 ~ 5 ~ 6	JR20 - 160	1W	33 ~ 40 ~ 47
	12R	5 ~ 6 ~ 7		2W	47 ~ 55 ~ 63
	13R	6 ~ 7.2 ~ 8.4		3W	63 ~ 74 ~ 84
	14R	7 ~ 8.6 ~ 10		4W	74 ~ 86 ~ 98
	15R	8.6 ~ 10 ~ 11.6		5W	85 ~ 100 ~ 115
JR20 - 16	1S	3.6 ~ 4.5 ~ 5.4		6W	100 ~ 115 ~ 130
	2S	5.4 ~ 6.7 ~ 8		7W	115 ~ 132 ~ 150
	3S	8 ~ 10 ~ 12		8W	130 ~ 150 ~ 170
	4S	10 ~ 12 ~ 14		9W	144 ~ 160 ~ 176
	5S	12 ~ 14 ~ 16			
	6S	14 ~ 16 ~ 18			

　　热继电器的整定电流是指热继电器长期运行而不动作的最大电流。通常只要负载电流超过整定电流的 1.2 倍，热继电器必须动作。整定电流的调整可通过旋转热继电器外壳上方的旋钮来完成，旋钮上刻有整定电流标尺，作为调整时的依据。

3. 热继电器的选用

1）一般情况下，可选用两相结构的热继电器。对于电网电压均衡性较差、无人看管的电动机或大容量电动机共用一组熔断器的电动机，宜选用三相结构的热继电器。三相绕组作三角形联结的电动机，应采用有断相保护装置的三相热继电器作过载保护。

2）热元件的额定电流等级一般大于电动机的额定电流。热元件选定后，再根据电动机的额定电流调整热继电器的整定电流，使整定电流与电动机的额定电流基本相等。

　　热继电器本身的额定电流等级并不多，但其热元件编号很多，每一种编号都有一定的电流整定范围，故在使用上先应使热元件的电流与电动机的电流相适应，然后根据电动机的实际运行情况再做上下范围的适当调节。

3）双金属片式热继电器一般用于轻载、不频繁起动电动机的过载保护。对于重载、频繁起动的电动机，则可用过电流继电器(延时型)作过载保护。因为热元件受热变形需要时间，故热继电器不能作短路保护。

4）对于工作时间较短、间歇时间较长的电动机、以及虽然长期工作但过载的可能性很小的电动机(如排风机)，可以不设过载保护。

热继电器有时尽管选用得当，但使用不当时也会造成对电动机过载保护的不可靠，因此，必须正确使用热继电器。对于点动、重载起动、频繁正反转及带反接制动等运行的电动机，一般不宜用热继电器作过载保护。

(三) 具有自锁的单向起动控制电路的分析

1. 识读电路图

主电路由电源开关 QF、熔断器 FU1、接触器 KM 的三对主触头、热继电器 FR 的三组热元件和电动机组成。其中，QF 用于引入三相交流电源，FU1 作为主电路短路保护，KM 的三对主触头控制电动机的运转与停止，FR 的三组热元件用于检测流过电动机定子绕组中的电流。

控制电路由熔断器 FU2、热继电器 FR 的常闭触头、停止按钮 SB1、起动按钮 SB2 及接触器 KM 的线圈和辅助常开触头组成。其中，FU2 用于控制电路的短路保护，SB2 是电动机的起动按钮，SB1 是电动机的停止按钮，KM 线圈控制 KM 触头的吸合和释放，KM 辅助常开触头起自锁作用。

2. 识读电路的工作过程

(1) 叙述法 起动时，闭合开关 QF。按下起动按钮 SB2，接触器 KM 的线圈通电，其主触头闭合，电动机接通电源直接起动运转。同时，与 SB2 并联的 KM 的辅助常开触头也闭合，使接触器线圈经两路通电，这样，当 SB2 松开复位时，KM 的线圈仍可通过 KM 辅助触头继续通电，从而保持电动机的连续运行。这种依靠接触器自身辅助常开触头而使其线圈保持通电的现象称为自锁或自保，这一对起自锁作用的触头称为自锁触头。

要使电动机停止运转，只要按下停止按钮 SB1，将控制电路断开，接触器线圈 KM 断电释放，KM 的主触头断开，将通入电动机定子绕组的三相电源切断，从而使电动机停止运转。当松开按钮 SB1 后，接触器线圈已不能再依靠其自锁触头通电了，因为原来闭合的自锁触头已在接触器线圈断电时断开了。

具有自锁的控制电路还可以依靠接触器本身的电磁机构实现电路的欠电压与失电压保护。当电源电压由于某种原因而严重降低或为零时，接触器的衔铁自行释放，电动机停止运转。而当电源电压恢复正常时，接触器线圈不能自动通电，只有在操作人员再次按下起动按钮 SB2 后，电动机才会起动。由此可见，欠电压与失电压保护是为了避免电动机在电源恢复时自行起动。

(2) 流程法 主电路的工作过程如下：

闭合 QF，当 KM 主触头闭合时，电动机起动运行。

控制电路的工作过程如下：

1) 起动过程。按下 SB2→KM 线圈得电→$\begin{cases}\text{KM 主触头闭合→电动机起动运行;}\\\text{KM 辅助常开触头闭合，自锁。}\end{cases}$

2）停止过程。按下 SB1→KM 线圈断电→所有触头复位→电动机断电停止。

3. 电路安装接线

1）绘制电气安装接线图。根据图 1-31 绘制出具有自锁的电动机单向起动控制电路的电气安装接线图如图 1-36 所示。其电气元器件的布置与点动控制电路基本相同，仅在接触器 KM 与接线端子板 XT 之间增加了热继电器 FR。**注意：**所有接线端子标注的编号应与电气原理图一致，不能有误。

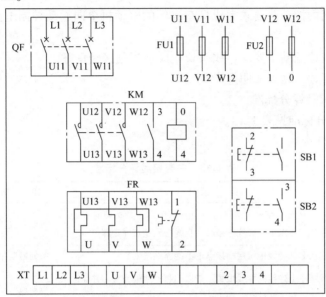

图 1-36　具有自锁的电动机单向起动控制电路的安装接线图

2）按工艺要求完成具有自锁的电动机单向起动控制电路的安装接线。

4. 电路断电检查

1）按电气原理图或电气安装接线图从电源端开始，逐段核对接线及接线端子处是否正确，有无漏接、错接之处。检查导线接点是否符合要求，压接是否牢固。

2）用万用表检查所接电路的通断情况。检查时，应选用倍率适当的欧姆档，并进行校零。

对控制电路进行检查时，可先断开主电路，使 QF 处于断开位置，将万用表两表笔分别搭在 FU2 的两个出线端上（V12 和 W12），此时读数应为"∞"。按下起动按钮 SB2 时，读数应为接触器线圈的电阻值；压下接触器 KM 衔铁时，读数也应为接触器线圈的电阻值。

对主电路进行检查时，电源线 L1、L2、L3 先不要通电，闭合 QF，用手压下接触器的衔铁来代替接触器线圈得电吸合时的情况进行检查，依次测量从电源端（L1、L2、L3）到电动机出线端子（U、V、W）的每一相电路的电阻值，检查是否存在开路或接触不良的现象。

5. 通电试车及故障排除

通电试车，操作相应按钮，观察各电器的动作情况。

把 L1、L2、L3 三端接上电源，闭合开关 QF，引入三相电源，按下起动按钮 SB2，接触器 KM 的线圈通电，衔铁吸合，主触头闭合，电动机接通电源直接起动运转。松开 SB2 时，KM 线圈仍可通过 KM 常开辅助触头继续通电，从而保持电动机的连续运行。按下停止按钮

SB1 时，KM 线圈断电释放，电动机停止运行。

操作过程中，如果出现不正常现象，应立即断开电源，分析故障原因，用万用表仔细检查电路，在指导教师认可的情况下才能再通电调试。

四、技能考核——具有自锁的单向起动控制电路的安装接线

（一）考核任务

1）在规定时间内按工艺要求完成具有自锁的电动机单向起动控制电路的安装接线，且通电试验成功。

2）安装工艺应达到基本要求，线头长短应适当且接触良好。

3）遵守安全规程，做到文明生产。

（二）考核要求及评分标准

考核要求及评分标准见表 1-13。

1. 安装接线（20 分）

表 1-13　安装接线评分标准

	要　　求	评分标准	扣　　分
连接线端	对于螺栓式接点，在导线连接时，应打羊眼圈，并按顺时针旋转。对于瓦片式接点，在导线连接时，直线插入接点固定即可	每处错误扣 2 分	
	严禁损伤线芯和导线绝缘层，接点上不能露铜丝太长	每处错误扣 2 分	
	每个接线端子上连接的导线根数一般以不超过两根为宜，并保证接线牢固	每处错误扣 1 分	
线路工艺	走线合理，做到横平竖直，布线整齐，各接点不能松动	每处错误扣 1 分	
	导线出线应留有一定的余量，并做到长度一致	每处错误扣 1 分	
	导线变换走向要弯成直角，并做到高低一致或前后一致	每处错误扣 1 分	
	避免交叉线、架空线、绕线和叠线	每处错误扣 2 分	
	导线折弯应折成直角	每处错误扣 1 分	
整体布局	板面线路应合理汇集成线束	每处错误扣 1 分	
	进出线应合理汇集在端子排上	每处错误扣 1 分	
	整体走线应合理美观	酌情扣分	

2. 不通电测试（20 分，每错一处扣 5 分，扣完为止）

（1）主电路的测试　电源线 L1、L2、L3 先不要通电，闭合电源开关 QF，压下接触器 KM 衔铁，使 KM 主触头闭合，用万用表的欧姆档测量从电源端（L1、L2、L3）到电动机出线端子（U、V、W）的每一相电路，将电阻值填入表 1-14 中。

（2）控制电路的测试　按下按钮 SB2，测量控制电路两端（V12 - W12）的电阻，将电阻值填入表 1-14 中；压下接触器 KM 的衔铁，测量控制电路两端（V12 - W12）的电阻，将电阻值填入表 1-14 中。

表1-14 具有自锁的单向起动控制电路的不通电测试记录

操作步骤	主电路			控制电路（V12 - W12）	
	闭合 QF、压下 KM 的衔铁			按下 SB2	压下 KM 的衔铁
电阻值/Ω	L1 - U	L2 - V	L3 - W		

3. 通电测试（60分）

在使用万用表检测后，把 L1、L2、L3 三端接上电源，合上开关 QF 接入电源通电试车。考核表见表1-15。

表1-15 具有自锁的单向起动控制电路的通电测试考核表

测试情况	配分	得分	故障原因
一次通电成功	60分		
二次通电成功	40～50分		
三次及以上通电成功	30分		
不成功	10分		

五、拓展知识——点动与连续运转混合控制和多地控制

1. 点动与连续运转混合控制

机床设备控制中有很多需要使用连续运转与点动混合的正转控制电路，如机床设备在正常工作时，一般需要电动机连续运转，但在试车或调整刀具与工件的相对位置时又需要电动机点动，实现这种工艺要求的电路就是连续运转与点动混合的正转控制电路。点动与连续运转的区别在于有无自锁电路。图1-37所示为可实现点动也可实现连续运转的控制电路，主电路与具有自锁的电动机正转控制电路的主电路相同，其中，图1-37a 是用开关 SA 断开与接通自锁电路，闭合开关 SA 时，实现连续运转；断开 SA 时，可实现点动控制。图1-37b 是用复合按钮 SB3 实现点动控制，按钮 SB2 实现连续运转控制。

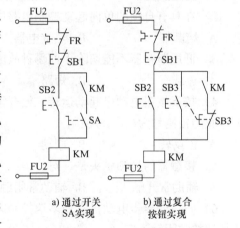

a) 通过开关 SA实现   b) 通过复合 按钮实现

图1-37 电动机点动与连续 运转混合控制电路

2. 多地控制

在一些大型生产机械和设备上，要求操作人员在不同地方都能进行操作与控制，即实现多地控制。多地控制是用多组起动按钮、停止按钮来实现的，这些按钮连接的原则是：所有起动按钮的常开触头要并联，即逻辑或关系；所有停止按钮的常闭触头要串联，即逻辑与的关系。图1-38所示为三相异步电动机两地控制电路，其中SB1、SB3是安装在不同地方的停止按钮，SB2、SB4是安装在不同地方的起动按钮。

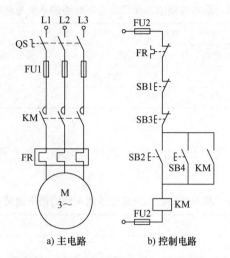

a) 主电路　　　　b) 控制电路

图1-38　三相异步电动机的两地控制电路

思考与练习

1. 单项选择题

1）热继电器过载时双金属片弯曲是由于双金属片的（　　）不同。

A. 机械强度　　　B. 热膨胀系数　　　C. 温差效应　　　D. 都不是

2）在具有自锁的单向起动控制电路中，实现电动机过载保护的电器是（　　）。

A. 熔断器　　　B. 热继电器　　　C. 接触器　　　D. 电源开关

3）低压断路器不能切除下面哪种故障？（　　）

A. 过载　　　B. 短路　　　C. 失电压　　　D. 欠电流

4）按下按钮电动机起动运转，松开按钮电动机仍然运转，只有按下停止按钮，电动机才停止的控制称为（　　）控制。

A. 正反转　　　B. 制动　　　C. 自锁　　　D. 点动

5）接触器的自锁触头是一对（　　）。

A. 辅助常开触头　　　B. 辅助常闭触头　　　C. 常开主触头　　　D. 常闭主触头

6）同一台异步电动机实现多地控制时，各地起动按钮的常开触头应（　　），各地停止按钮的常闭触头应（　　）。

A. 串联、并联　　　B. 并联、串联　　　C. 并联、并联　　　D. 串联、串联

2. 判断题

1）用低压断路器作为机床电路的电源引入开关，一般就不需要再安装熔断器作短路保护了。　　　　　　　　　　　　　　　　　　　　　　　　　　　　（　　）

2）热继电器的额定电流就是其触头的额定电流。　　　　　　　　　　（　　）

3）接触器自锁控制不仅保证电动机连续运转，而且还兼有失电压保护作用。（　　）

4）失电压保护的目的是防止电压恢复时电动机自行起动。　　　　　　（　　）

5）一定规格的热继电器，其所装的热元件规格可能是不同的。　　　　（　　）

3. 在三相异步电动机主电路中，安装了熔断器，为什么还要安装热继电器？

4. 一台长期工作的三相交流异步电动机的额定功率为13kW，额定电压为380V，额定电流为25.5A，试按电动机额定工作状态选择热继电器的型号、规格，并说明热继电器整定电流的数值。

5. 试分析图1-39所示各电路中的错误，它们在工作时会出现什么现象？请加以改正。

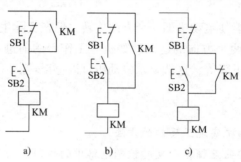

图1-39　题5图

项目二　三相异步电动机的正反转控制

单向起动控制电路只能使电动机朝一个方向旋转，但在实际生产中，许多生产机械往往要求运动部件能实现正反两个方向的运动，如机床工作台的前进与后退、主轴的正转与反转、起重机吊钩的上升与下降等，这就要求电动机可以正反转。

 项目教学目标

1）掌握三相异步电动机实现正反转的方法。

2）理解电气互锁和按钮互锁在正反转控制电路中的作用。

3）能识读电动机正反转控制电路，并掌握其工作原理。

4）掌握电动机正反转控制电路的安装接线和调试方法，能够对正反转控制电路进行检测和通电试验。

任务一　电气互锁的正反转控制电路

一、任务描述

当改变通入三相异步电动机定子绕组三相电源的相序时，即把接入电动机的三相电源进线中的任意两相对调接线，就可使三相异步电动机反转。图 2-1 所示电路是利用两个接触器的主触头来实现改变通入电动机定子绕组的电源相序的。

本任务要求识读图 2-1 所示的电气互锁正反转控制电路，并掌握其工作原理，按工艺要求完成电路的连接，并能进行电路的检查和故障排除。

二、任务目标

1）理解电气互锁的原理、实现方法及其在正反转控制电路中的作用。

2）能识读具有电气互锁的正反转控制电路的电气原理图，了解电路中所用电气元器件的作用，会根据电气原理图绘制电气安装接线图，并按工艺要求完成安装接线。

3）能够对安装好的电路进行检测和通电试验，并能用万用表检测电路和排除常见的电气故障。

三、任务实施

（一）识读电路图组成

与项目一任务三中的图 1-31 比较，图 2-1 所示主电路中多了接触器 KM2 的三对主触头，通过这三对主触头可把反相序的电源通入电动机的定子绕组中，从而控制电动机的反向运转与停止。控制电路也多了对接触器 KM2 线圈的控制部分。

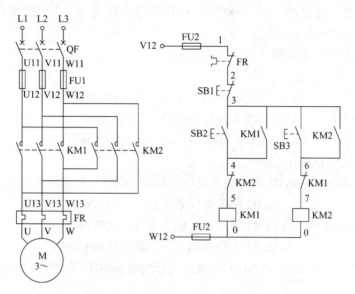

图 2-1　电气互锁的正反转控制电路

电气互锁正反转控制电路的主电路采用了 KM1 和 KM2 两只接触器，当 KM1 主触头闭合时，三相电源按 L1—L2—L3 的相序接入电动机；而当 KM2 主触头闭合时，三相电源按 L3—L2—L1 的相序接入电动机。所以当两只接触器分别工作时，电动机的旋转方向相反。

电路要求接触器 KM1 和 KM2 线圈不能同时得电，否则它们的主触头会同时闭合，这将造成 L1、L3 两相电源短路。为此，在 KM1 和 KM2 线圈各自回路中相互串接了对方的一对辅助常闭触头，以保证 KM1 和 KM2 线圈不会同时得电。KM1 和 KM2 这两对辅助常闭触头在控制电路中所起的作用称为互锁(或联锁)。这种利用两只接触器的常闭触头相互串接在对方线圈回路中，以保证两只接触器线圈不会同时得电的控制方法称为电气互锁。

（二）识读电路的工作过程

1. 叙述法

闭合电源开关 QF。按下正转起动按钮 SB2，此时 KM2 的辅助常闭触头没有动作，因此 KM1 线圈得电吸合并自锁，其辅助常闭触头断开，起到互锁作用。同时，KM1 主触头接通主电路，输入电源的相序为 L1—L2—L3，使电动机正转。要使电动机反转，则应先按下停止按钮 SB1，使接触器 KM1 线圈断电，其主触头断开，电动机停转，KM1 辅助常闭触头复位，为反转起动做准备；然后按下反转起动按钮 SB3，此时 KM2 线圈得电，触头的相应动作同样起自锁、互锁和接通主电路的作用，输入电源的相序变成了 L3—L2—L1，使电动机实现反转。

2. 流程法

在应用流程法识读电路时，还经常采用简化的写法，即线圈得电用" + "表示、线圈断电用" - "表示，在描述触头的通断情况时，通常线圈得电时常闭触头断开、常开触头闭合，线圈断电时所有触头复位(原始状态)。

电路动作较复杂时，还必须从主电路分析入手，再分析控制电路的电器动作过程。

图 2-1 所示电路的工作过程识读如下。

（1）主电路的工作过程　闭合 QF，当 KM1 主触头闭合时，电动机正向运转；当 KM2 主触头闭合时，电动机反向运转。

（2）控制电路的工作过程

1）正向起动控制过程：

$$按下\ SB2\rightarrow KM1^{+}\rightarrow\begin{cases}KM1\ 辅助常闭触头断开，对\ KM2\ 实现互锁；\\KM1\ 辅助常开触头闭合，实现自锁；\\KM1\ 主触头闭合\rightarrow 电动机正向起动运行。\end{cases}$$

2）反向起动控制过程：

先按下 SB1→KM1⁻→KM1 所有触头复位→电动机断开三相电源，停止运行。

$$然后按下\ SB3\rightarrow KM2^{+}\rightarrow\begin{cases}KM2\ 辅助常闭触头断开，对\ KM1\ 实现互锁；\\KM2\ 辅助常开触头闭合，实现自锁；\\KM2\ 主触头闭合\rightarrow 电动机反向起动运行。\end{cases}$$

3）停止过程：按下 SB1→KM1（或 KM2）线圈断电→KM1（或 KM2）所有触头复位→电动机断电停止。

从电路的工作过程可知，要改变电动机的转向时，必须先按下停止按钮，使电动机停止正转，然后才能按下反转按钮，使电动机进行反转，这种操作较为不方便。即只能实现"正转－停止－反转"的操作流程。

（三）电路安装接线

1．绘制电气安装接线图

根据图 2-1 绘制出具有电气互锁的正反转控制电路的电气安装接线图如图 2-2 所示。

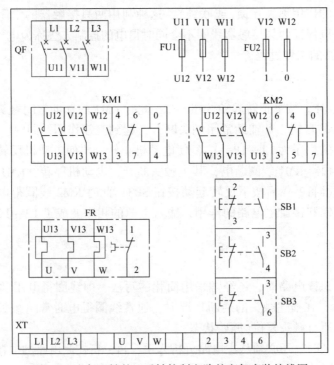

图 2-2　电气互锁的正反转控制电路的电气安装接线图

其电气元器件的布局与具有自锁的电动机单向起动控制电路基本相同，只是多了一个反转接触器和反转起动按钮。**注意：所有接线端子标注的编号应与电气原理图一致，不能有误。**

2. 接线

按工艺要求完成具有电气互锁的正反转控制电路的安装接线。

（四）电路断电检查

1）按电气原理图或电气安装接线图从电源端开始，逐段核对接线及接线端子处是否正确，有无漏接、错接之处。检查导线接点是否符合要求、压接是否牢固。

2）用万用表检查电路的通断情况。检查时，应选用倍率适当的欧姆档，并进行校零，以防短路故障的发生。

对控制电路进行检查时（可断开主电路），可将万用表两表笔分别搭在 FU2 的两个出线端上（V12 和 W12），此时读数应为"∞"。按下正转起动按钮 SB2 或反转起动按钮 SB3 时，读数应为接触器 KM1 或 KM2 线圈的电阻值；用手压下 KM1 或 KM2 的衔铁，使 KM1 或 KM2 的常开触头闭合，读数也应为接触器 KM1 或 KM2 线圈的电阻值。同时按下 SB2 和 SB3 或同时压下 KM1 和 KM2 的衔铁，万用表读数应为"∞"。

对主电路进行检查时，电源线 L1、L2、L3 先不要通电，闭合 QF，用手压下接触器 KM1 或 KM2 的衔铁来代替接触器得电吸合时的情况进行检查，依次测量从电源端到电动机出线端子上的每一相线路的电阻值，检查是否存在开路现象。

（五）通电试车及故障排除

通电试车，操作相应按钮，观察各电器的动作情况。

把 L1、L2、L3 三端接上电源，闭合开关 QF，引入三相电源，按下按钮 SB2，KM1 线圈得电吸合，电动机正向起动运转；接着按下按钮 SB3，KM2 线圈不能得电吸合，必须先按下停止按钮 SB1，使 KM1 线圈断电，再按下反向起动按钮 SB3，KM2 线圈才能得电吸合，电动机才能反向起动运转；同时按下 SB2 和 SB3，KM1 和 KM2 线圈都不吸合，电动机不转。按下停止按钮 SB1，电动机停止。

操作过程中，如果出现不正常现象，应立即断开电源，分析故障原因，用万用表仔细检查电路，在指导教师认可的情况下才能再次通电调试。

四、技能考核——电气互锁的正反转控制电路的安装接线

（一）考核任务

1）在规定时间内按工艺要求完成具有电气互锁的正反转控制电路的安装接线，且通电试验成功。

2）安装工艺应达到基本要求，线头长短应适当且接触良好。

3）遵守安全规程，做到文明生产。

（二）考核要求及评分标准

考核要求及评分标准见表 2-1。

1. 安装接线(20分)

表 2-1　安装接线考核要求及评分标准

项目内容	要　求	评分标准	扣分
连接线端	对于螺栓式接点，在导线连接时，应打羊眼圈，并按顺时针旋转。对于瓦片式接点，在导线连接时，直线插入接点固定即可	每处错误扣2分	
	严禁损伤线芯和导线绝缘层，接点上不能露铜丝太长	每处错误扣2分	
	每个接线端子上连接的导线根数一般以不超过两根为宜，并保证接线牢固	每处错误扣1分	
线路工艺	走线合理，做到横平竖直，布线整齐，各接点不能松动	每处错误扣1分	
	导线出线应留有一定的余量，并做到长度一致	每处错误扣1分	
	导线变换走向要弯成直角，并做到高低一致或前后一致	每处错误扣1分	
	避免交叉线、架空线、绕线和叠线	每处错误扣2分	
	导线折弯应折成直角	每处错误扣1分	
整体布局	板面线路应合理汇集成线束	每处错误扣1分	
	进出线应合理汇集在端子排上	每处错误扣1分	
	整体走线应合理美观	酌情扣分	

2. 不通电测试(20分)

（1）主电路的测试　电源线 L1、L2、L3 先不要通电，闭合电源开关 QF，压下接触器 KM1（或 KM2）的衔铁，使 KM1（或 KM2）的主触头闭合，测量从电源端（L1、L2、L3）到出线端子（U、V、W）上的每一相电路，将电阻值填入表 2-2 中。（6分，错1处扣1分）

（2）控制电路的测试　（14分，错1处扣4分，扣完为止）

1）按下按钮 SB2，测量控制电路两端的电阻，将电阻值填入表 2-2 中。

2）按下按钮 SB3，测量控制电路两端的电阻，将电阻值填入表 2-2 中。

3）用手压下接触器 KM1 的衔铁，测量控制电路两端的电阻，将电阻值填入表 2-2 中。

4）用手压下接触器 KM2 的衔铁，测量控制电路两端的电阻，将电阻值填入表 2-2 中。

表 2-2　电气互锁正反转控制电路的不通电检查记录

操作步骤	主电路						控制电路两端（V12 − W12）			
	压下 KM1 衔铁			压下 KM2 衔铁			按下 SB2	按下 SB3	压下 KM1 衔铁	压下 KM2 衔铁
	L1 − U	L2 − V	L3 − W	L3 − W	L2 − V	L3 − U				
电阻值										

3. 通电测试(60分)

在使用万用表检测后，把 L1、L2、L3 三端接入电源通电试车。考核表见表 2-3。

表 2-3　电气互锁正反转控制电路的通电测试考核表

测试情况	配分	得分	故障原因
一次通电成功	60 分		
二次通电成功	40~50 分		
三次及以上通电成功	30 分		
不成功	10 分		

五、拓展知识——利用万能转换开关实现电动机正反转

1. 万能转换开关

万能转换开关比组合开关有更多的操作位置和触头，是一种能够连接多个电路的手动控制电器。由于它的档位多、触头多，所以可控制多个电路，能适应复杂电路的要求。图 2-3 所示为 LW12 型万能转换开关的外形及其凸轮通断触头示意图，它是由多组相同结构的触头叠装而成的，在触头盒的上方有操作机构。由于扭转弹簧的储能作用，操作呈现了瞬时动作的性质，其触头分断迅速，不受操作速度的影响。

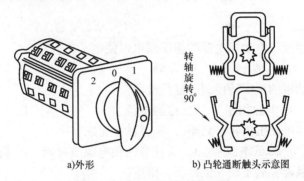

a) 外形　　　　　　b) 凸轮通断触头示意图

图 2-3　LW12 型万能转换开关

万能转换开关在电气原理图中触头通断的表示，如图 2-4 所示。图中点画线表示操作位置，而不同操作位置的各对触头通断状态与触头下方或右侧对应，规定用涂黑圆点表示相应的触头接通，没有涂黑圆点表示断开。另一种是用触头通断状态表来表示，表中以" + "（或"×"）表示触头闭合，" – "（或无记号）表示触头分断。万能转换开关的文字符号是 SC。

2. 利用万能转换开关实现正反转控制

利用万能转换开关实现电动机正反转的电路如图 2-5 所示。与项目一的任务三中具有自锁的单向起动控制电路相比，在主电路中加入了万能转换开关 SC，SC 有三个工作位置，四对触头。当 SC 置于上、下方不同的工作位置时，通过其不同触头的接通来改变定子绕组接入三相交流电源的相序，进而改变电动机的旋转方向。

图 2-5 中，接触器用于使电路接通交流电源，万能转换开关 SC 作为电动机旋转方向的预选开关，由按钮控制接触器的线圈，再由接触器主触头来接通或断开电动机的三相电源，从而实现电动机的起动和停止。

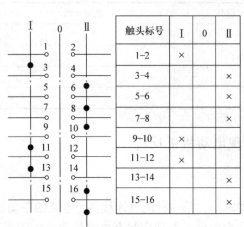

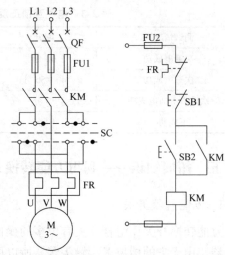

图 2-4　万能转换开关的触头通断表示　　　图 2-5　用万能转换开关实现电动机正反转的电路

思考与练习

1. 单项选择题

1）改变通入三相异步电动机电源的相序就可以使电动机（　　）。

A. 停转　　　　B. 减速　　　　C. 反转　　　　　　D. 减压起动

2）三相异步电动机的正反转控制关键是改变（　　）。

A. 电源电压　　B. 电源相序　　C. 电源电流　　　　D. 负载大小

3）要使三相异步电动机反转，只要（　　）就能完成。

A. 降低电压　　B. 降低电流　　C. 将任意两根电源线对调　D. 降低电路功率

4）甲乙两个接触器，欲实现互锁控制，则应（　　）。

A. 在甲接触器的线圈回路中串入乙接触器的常闭触头

B. 在乙接触器的线圈回路中串入甲接触器的常闭触头

C. 在两接触器的线圈回路中互串对方的常闭触头

D. 在两接触器的线圈回路中互串对方的常开触头

5）在操作电气互锁的正反转控制电路时，要使电动机从正转变为反转，正确的操作方法是（　　）。

A. 直接按下反转起动按钮

B. 必须先按下停止按钮，再按下反转起动按钮

C. 必须先按下停止按钮，再按下正转起动按钮　　　　D. 不确定

2. 判断题

1）可以通过改变通入三相异步电动机定子绕组的电源相序来实现其正反转控制。　（　　）

2）在电气互锁的正反转控制电路中，正、反转接触器允许同时得电。　（　　）

3）要想改变三相异步电动机的旋转方向，只要将电源相序 U、V、W 改接为 W、U、V 就可以了。　（　　）

4）在正反转电路中，设置电气互锁的目的是为了避免正反转接触器同时得电而造成主

电路电源短路。   (   )

5）万能转换开关本身带有各种保护。   (   )

3. 试分析图 2-6 所示各电路中的错误，工作时会出现什么现象？并加以改正。

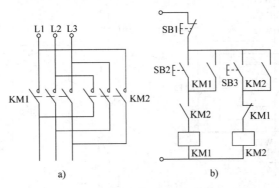

图 2-6 题 3 图

4. 用什么方法可以使三相异步电动机改变转向？

5. 什么是电气互锁？在三相异步电动机正反转控制电路中是如何实现的？为什么要设置电气互锁？

任务二 双重互锁的正反转控制电路

一、任务描述

具有电气互锁的正反转控制电路虽然可以避免主电路的电源短路事故，但是在需要电动机转向时，必须先按下停止按钮，这在某些场合下使用时很不方便。在实际工作中，通常要求实现电动机正反转操作的直接切换，即要求电动机正向运转时操作正向起动按钮，在电动机正向运行过程中如果要求电动机反向运转，则可以直接操作反向起动按钮，而无需先按下停止按钮。这是一种具有双重互锁的控制电路，因其操作方便，在各种设备中得到了广泛的应用。

本任务要求识读图 2-7 所示的双重互锁的正反转控制电路，并掌握其工作原理，按工艺要求完成电路的连接，并能进行电路的检查和故障排除。

二、任务目标

1）理解按钮互锁的原理、实现方法和在正反转控制电路中的作用。

2）能识读具有双重互锁的正反转控制电路的电气原理图，了解电路中所用电气元器件的作用，会根据电气原理图绘制电气安装接线图，并按工艺要求完成安装接线。

3）能够对安装好的电路进行检测和通电试验，并能用万用表检测电路和排除常见的电气故障。

三、任务实施

（一）识读电路图组成

主电路与任务一相同，采用了 KM1 和 KM2 两只接触器，当 KM1 主触头闭合时，三相

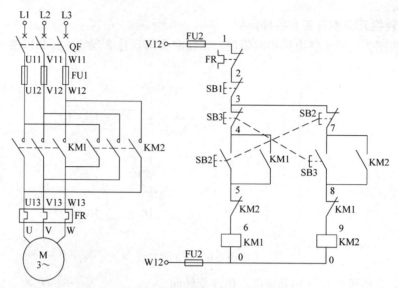

图 2-7　双重互锁的正反转控制电路

电源按 L1 – L2 – L3 的相序接入电动机；而当 KM2 主触头闭合时，三相电源按 L3 – L2 – L1 的相序接入电动机。所以当两只接触器分别工作时，电动机的旋转方向相反。

　　控制电路中仍然要求接触器 KM1 和 KM2 线圈不能同时通电，否则它们的主触头会同时闭合，这将造成 L1、L3 两相电源短路，为此除了采用接触器互锁，即在 KM1 和 KM2 线圈各自回路中相互串接了对方的一对辅助常闭触头，以保证 KM1 和 KM2 线圈不会同时得电外，还设置了按钮互锁，即将正、反向起动按钮的常闭触头串接在反、正转接触器线圈的回路中，也起互锁作用。这种利用两只按钮的常闭触头互串在对方线圈回路中实现互锁的控制方法称为按钮互锁，按钮互锁的目的是正反转可以直接操作。

　　（二）识读电路的工作过程

　　1. 叙述法

　　闭合电源开关 QF。按下 SB2，KM1 线圈得电，KM1 辅助常开触头闭合，实现自锁，KM1 主触头闭合，电动机正向起动运行。当需要改变电动机的转向时，只要按下复合按钮 SB3 就可以了。由于复合按钮的动作特点是常闭触头先断开、常开触头后闭合，当按下 SB3 时，其常闭触头先断开，使 KM1 线圈失电，KM1 所有触头复位，电动机断开正向电源，SB3 常开触头后闭合，使 KM2 线圈得电，KM2 辅助常开触头闭合，实现自锁，KM2 主触头闭合，电动机实现反转。这就确保了正反转接触器主触头不会因同时闭合而发生两相电源短路的事故了。

　　2. 流程法

　　（1）主电路的工作过程　闭合 QF，当 KM1 主触头闭合时，电动机正向运转；当 KM2 主触头闭合时，电动机反向运转。

　　（2）控制电路的工作过程

　　1）正向起动过程：

$$按下\ SB2 \rightarrow KM1^{+} \rightarrow \begin{cases} KM1\ 辅助常闭触头断开，对\ KM2\ 实现互锁；\\ KM1\ 辅助常开触头闭合，实现自锁；\\ KM1\ 主触头闭合 \rightarrow 电动机正向起动运行。\end{cases}$$

2）反向起动过程：

$$按下\ SB3 \rightarrow \begin{cases} SB3\ 常闭触头断开 \rightarrow KM1^{-}，其所有触头复位。\\ SB3\ 常开触头闭合 \rightarrow KM2^{+} \rightarrow \begin{cases} KM2\ 辅助常闭触头断开，对\ KM1\ 实现互锁；\\ KM2\ 辅助常开触头闭合，实现自锁；\\ KM2\ 主触头闭合 \rightarrow 电动机反向起动运行。\end{cases} \end{cases}$$

3）停止过程：按下 SB1 → KM1（或 KM2）线圈断电 → KM1（或 KM2）所有触头复位 → 电动机断电停止。

（三）电路安装接线

1. 绘制电气安装接线图

根据图 2-7 绘制出双重互锁的电动机正反转控制电路的电气安装接线图如图 2-8 所示。其电气元器件的布局与电气互锁的电动机正反转控制电路基本相同，只是正、反转起动按钮的常开、常闭触头都要接在控制电路中。**注意**：所有接线端子标注的编号应与电气原理图一致，不能有误。

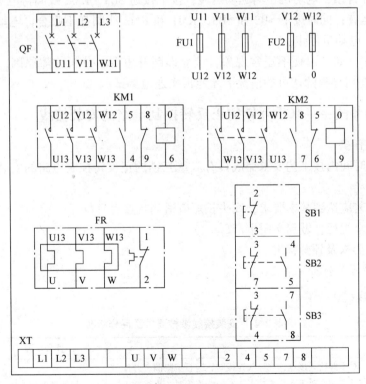

图 2-8　双重互锁的电动机正反转控制电路的电气安装接线图

2. 接线

按工艺要求完成双重互锁的正反转控制电路的安装接线。

（四）电路断电检查

1）按电气原理图或电气安装接线图从电源端开始，逐段核对接线及接线端子处是否正确，有无漏接、错接之处。检查导线接点是否符合要求，压接是否牢固。

2）用万用表检查电路的通断情况。检查时，应选用倍率适当的欧姆档，并进行校零，以防短路故障的发生。

对控制电路进行检查时（可断开主电路），可将万用表两表笔分别搭在 FU2 的两个出线端上（V12 和 W12），此时读数应为"∞"。按下正转起动按钮 SB2 或反转起动按钮 SB3 时，读数应为接触器 KM1 或 KM2 线圈的电阻值；用手压下 KM1 或 KM2 的衔铁，使 KM1 或 KM2 的常开触头闭合时，读数也应为接触器 KM1 或 KM2 线圈的电阻值。同时按下 SB2 和 SB3 或者同时压下 KM1 和 KM2 的衔铁时，万用表读数应为"∞"。

对主电路检查时，电源线 L1、L2、L3 先不要通电，闭合 QF，用手压下接触器 KM1 或 KM2 的衔铁来代替接触器得电吸合时的情况进行检查，依次测量从电源端到电动机出线端子上每一相电路的电阻值，检查是否存在开路现象。

（五）通电试车及故障排除

通电试车，操作相应按钮，观察各电器的动作情况。

把 L1、L2、L3 三端接上电源，闭合电源开关 QF，引入三相电源，按下按钮 SB2，KM1 线圈得电吸合并自锁，电动机正向起动运转；按下按钮 SB3，KM2 线圈得电吸合并自锁，电动机反向起动运转；同时按下 SB2 和 SB3，KM1 和 KM2 线圈都不吸合，电动机不转。按下停止按钮 SB1，电动机停止。

操作过程中，如果出现不正常现象，应立即断开电源，分析故障原因，仔细检查电路（用万用表），在指导教师认可的情况下才能再次通电调试。

四、技能考核——双重互锁的正反转控制电路的安装接线

（一）考核任务

1）在规定时间内按工艺要求完成具有双重互锁的正反转控制电路的安装接线，且通电试验成功。

2）安装工艺应达到基本要求，线头长短应适当且接触良好。

3）遵守安全规程，做到文明生产。

（二）考核要求及评分标准

考核要求及评分标准见表2-4。

1. 安装接线（20分）

表2-4　安装接线考核要求及评分标准

项目内容	要　　求	评分标准	扣分
连接线端	对于螺栓式接点，在导线连接时，应打羊眼圈，并按顺时针旋转。对于瓦片式接点，在导线连接时，直线插入接点固定即可	每处错误扣2分	
	严禁损伤线芯和导线绝缘层，接点上不能露铜丝太长	每处错误扣2分	
	每个接线端子上连接的导线根数一般以不超过两根为宜，并保证接线牢固	每处错误扣1分	

（续）

项目内容	要　求	评分标准	扣分
线路工艺	走线合理，做到横平竖直，布线整齐，各接点不能松动	每处错误扣1分	
	导线出线应留有一定的余量，并做到长度一致	每处错误扣1分	
	导线变换走向要弯成直角，并做到高低一致或前后一致	每处错误扣1分	
	避免交叉线、架空线、绕线和叠线	每处错误扣2分	
	导线折弯应折成直角	每处错误扣1分	
整体布局	板面线路应合理汇集成线束	每处错误扣1分	
	进出线应合理汇集在端子排上	每处错误扣1分	
	整体走线应合理美观	酌情扣分	

2. 不通电测试(20分，每错一处扣5分，扣完为止)

（1）主电路的测试　电源线 L1、L2、L3 先不要通电，闭合电源开关 QF，压下接触器 KM1（或 KM2）的衔铁，使 KM1（或 KM2）的主触头闭合，测量从电源端(L1、L2、L3)到出线端子(U、V、W)上的每一相电路，将电阻值填入表2-5中。(6分，错1处扣1分)

（2）控制电路的测试(14分，错1处扣4分，扣完为止)

1）按下按钮 SB2，测量控制电路两端的电阻，将电阻值填入表2-5中。

2）按下按钮 SB3，测量控制电路两端的电阻，将电阻值填入表2-5中。

3）用手压下接触器 KM1 的衔铁，测量控制电路两端的电阻，将电阻值填入表2-5中。

4）用手压下接触器 KM2 的衔铁，测量控制电路两端的电阻，将电阻值填入表2-5中。

表2-5　双重互锁正反转控制电路的不通电检查记录

操作步骤	主电路						控制电路两端（V12 – W12）			
	压下 KM1 衔铁			压下 KM2 衔铁			按下 SB2	按下 SB3	压下 KM1 衔铁	压下 KM2 衔铁
	L1 – U	L2 – V	L3 – W	L3 – W	L2 – V	L3 – U				
电阻值										

3. 通电测试(60分)

在使用万用表检测后，把 L1、L2、L3 三端接上电源，闭合 QF，接入电源通电试车。考核表见表2-6。

表2-6　双重互锁正反转控制电路的通电测试考核表

测试情况	配分	得分	故障原因
一次通电成功	60分		
二次通电成功	40～50分		
三次及以上通电成功	30分		
不成功	10分		

五、拓展知识——工作台自动往复循环控制电路

1. 行程开关

行程开关常用于运料机、锅炉上煤机和某些机床进给运动的电气控制，如在万能铣床、镗床等生产机械中经常用到。行程控制电路可以使电动机所拖动的设备在每次起动后自动停止在规定的位置，然后由人工控制返回到规定的起始位置并停止在该位置。停止信号是由在规定位置上设置的行程开关发出的，该控制一般又称为限位控制。因此，行程开关是一种将机械信号转换为电信号的控制电器。

行程开关的外形如图2-9所示。行程开关主要由操作头（感测部分）、触头系统（执行部分）和外壳等组成。

行程开关根据操作头的不同分为单滚轮式（能自动复位）、直动式（按钮式，能自动复位）和双滚轮式（不能自动复位，需机械部件返回时再碰撞一次才能复位）。以单滚轮式为例，

a) 直动式　　　　　b) 单滚轮式　　　　　c) 双滚轮式

图2-9　行程开关的外形

当运动机械的挡铁压到行程开关的滚轮时，杠杆连同转轴一起转动，使凸轮推动撞块，当撞块被压到一定位置时，推动微动开关快速动作，使其常闭触头分断，常开触头闭合；挡铁移开滚轮后，复位弹簧就使行程开关各部分复位。

行程开关的主要结构由操作机构和触头系统两部分组成，通常有一对常开触头和一对常闭触头，JLXK1–111行程开关如图2-10所示。行程开关的电路符号如图2-11所示。限位开关的工作原理及图形符号与行程开关相同，但其文字符号为SQ。

行程开关的常用型号有JLXK1、LX19、LX21、LX22、LX29及LX32等系列。行程开关的型号含义如下：

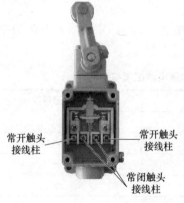

常开触头接线柱　　　常开触头接线柱

常闭触头接线柱

图2-10　JLXK1–111行程开关

视频2-1　LX19–111型
行程开关检测

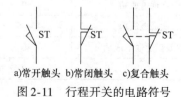

a)常开触头　b)常闭触头　c)复合触头

图2-11　行程开关的电路符号

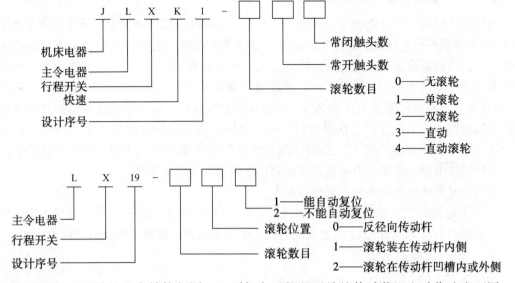

各系列行程开关的基本结构相同,区别仅在于行程开关的传动装置和动作速度不同。使用行程开关时,应根据动作要求和所用触头数来选择。

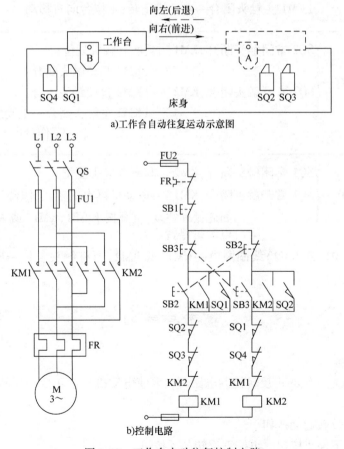

图 2-12 工作台自动往复控制电路

2. 工作台自动往复循环控制电路

有些生产机械，如万能铣床，要求工作台在一定距离内能自动往返，而这通常是利用行程开关(本例采用限位开关)控制电动机的正反转来实现的。在生产机械设备中，如机床的工作台、高炉加料设备等，均需自动往复运行，并不断循环。图 2-12 为某铣床工作台的自动往复控制电路，图 2-12a 为工作台自动往复运动示意图。工作台的两端有挡铁 A 和挡铁 B，机床床身上有限位开关 SQ1 和 SQ2，当挡铁碰撞限位开关后，系统将自动换接电动机正反转控制电路，使工作台自动往复运行。SQ3 和 SQ4 为正反向极限保护限位开关，若在工作台换向时限位开关 SQ1 或 SQ2 失灵，则将由极限保护限位开关 SQ3、SQ4 来实现限位保护，及时切断电源，从而避免运动部件因超出极限位置而发生事故。

自动往复循环控制电路的工作过程如下。

（1）主电路的工作过程　闭合电源开关 QS，当 KM1 主触头闭合时，电动机正转，拖动工作台前进向右移动；当 KM2 主触头闭合时，电动机反转，拖动工作台后退向左移动。

（2）控制电路的工作过程

按下 SB2→KM1⁺→｛KM1 互锁触头断开；KM1 自锁触头闭合；KM1 主触头闭合→电动机正转，工作台向右移动——

→挡铁压下 SQ2→｛SQ2 常闭触头断开，KM1⁻，其所有触头复位；SQ2 常开触头闭合，KM2⁺→｛KM2 互锁触头断开；KM2 自锁触头闭合；KM2 主触头闭合→电动机反转，工作台向左移动——

→挡铁压下 SQ1→｛SQ1 常闭触头断开，KM2⁻，其所有触头复位；SQ1 常开触头闭合，KM1⁺→电动机再次正转，工作台又向右移动……如此循环往复，直至按下 SB1，KM1⁻ 或 KM2⁻，电动机停转。

按下 SB1→KM1(或 KM2)线圈断电→KM1(或 KM2)所有触头复位→电动机断电停止，工作台停止运动。

思考与练习

1. 单项选择题

1）在操作双重互锁的正反转控制电路时，要使电动机从正转变为反转，正确的操作方法是(　　)。

A. 直接按下反转起动按钮

B. 必须先按下停止按钮，再按下反转起动按钮

C. 必须先按下停止按钮，再按下正转起动按钮　　　D. 不确定

2）行程开关是一种将（　　）转换为电信号的控制电器。

A. 机械信号　　　　　B. 弱电信号　　　　　C. 光信号　　　　　D. 热能信号

3）自动往返控制电路属于（　　）电路。

A. 自锁控制　　　　　B. 点动控制　　　　　C. 正反转控制　　　D. 顺序控制

4）完成工作台自动往复行程控制要求的主要电器元件是（　　）。

A. 接触器　　　　　　B. 行程开关　　　　　C. 按钮　　　　　　D. 组合开关

5）在图 2-12 所示的电路中，分析限位开关 SQ1、SQ2、SQ3、SQ4 的作用，其中（　　）用来作右端极限保护，防止工作台越过限定位置而造成事故；（　　）用来发出左行自动向右行转换的控制信号。

A. SQ3、SQ2　　　B. SQ3、SQ1　　　C. SQ4、SQ1　　　D. SQ4、SQ2

2. 判断题

1）双重互锁正反转控制电路的优点是工作安全可靠，操作方便。（　　）

2）行程开关是一种将机械信号转换为电信号以控制运动部件位置和行程的低压电器。

（　　）

3）在正反转控制电路中，设置按钮互锁的目的是避免正反转接触器线圈同时得电而造成主电路电源相间短路。（　　）

4）在具有双重互锁的正反转控制电路中，可以实现"正转 – 反转"的直接切换。

（　　）

5）在正反转控制电路中，按钮互锁是将正反转起动按钮的常闭触头互串接在反、正转接触器线圈回路中。（　　）

3. 分析图 2-13 所示电路，回答下列问题：

1）说明 SA 和 SQ1 ~ SQ4 的作用。

2）识读电路的工作过程。

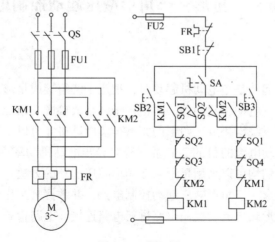

图 2-13　题 3 图

4. 画出行程开关的常开触头和常闭触头符号。

5. 什么是按钮互锁？在三相异步电动机正反转控制电路中是如何实现的？为什么要设置按钮互锁？

项目三 三相异步电动机的减压起动控制

三相异步电动机接通电源后由静止状态逐渐加速到稳定运行状态的过程，称为起动。若将额定电压直接加到电动机的定子绕组上，使电动机起动运转，称为直接起动，也叫全压起动。直接起动的优点是所用电气设备少，电路简单；缺点是起动电流大，是额定电流的 4 ~ 7 倍，容量较大的电动机采取直接起动时，会使电网电压严重下降，不仅导致同一电网上的其他电动机起动困难，而且影响其他用电设备的正常运行。因此，额定功率大于 10kW 的三相异步电动机一般都采用减压起动的方式，起动时降低加在电动机定子绕组上的电压，起动后再将电压恢复到额定值，使之在正常电压下运行。

减压起动的方法有定子回路串电阻减压起动、星形 – 三角形减压起动、自耦变压器减压起动、软起动及延边三角形减压起动等。常用的是星形 – 三角形减压起动与自耦变压器减压起动，软起动是一种新技术，正在一些场合推广应用。

 项目教学目标

1）认识时间继电器、中间继电器的主要结构和电路符号，能正确选择其主要参数。

2）能正确识读三相异步电动机减压起动控制电路，并掌握其工作原理。

3）能根据电气原理图进行电动机星形 – 三角形减压起动控制电路的安装接线，能够对所接电路进行检查，利用万用表排除常见的电气故障。

任务一 星形 – 三角形减压起动控制电路

一、任务描述

星形 – 三角形减压起动是指电动机起动时，把定子绕组接成星形，以降低电动机的起动电压、限制起动电流，待电动机起动后，再把定子绕组改接成三角形，使电动机在全压下运行。只有正常运行时定子绕组接成三角形的笼型异步电动机才可以采用星形 – 三角形减压起动的方法来达到限制起动电流的目的。Y 系列笼型异步电动机功率在 4.0kW 以上的定子绕组均为三角形联结，它们均可以采用星形 – 三角形减压起动的方法。

本任务要求识读星形 – 三角形减压起动控制电路，并掌握其工作原理；对图 3-1 所示的按钮切换的星形 – 三角形减压起动控制电路进行电路连接、电路检查和故障排除。

二、任务目标

1）理解电动机星形 – 三角形减压起动的原理和电动机定子绕组星形、三角形联结的方式。

2）能识读按钮切换的星形 – 三角形减压起动控制电路的电气原理图，了解电路中所

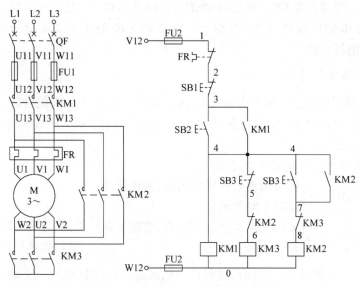

图 3-1　按钮切换的星形 – 三角形减压起动控制电路

用电气元器件的作用。会根据电气原理图绘制电气安装接线图，并按工艺要求完成安装接线。

3）能够对安装好的电路进行检测和通电试验，并能用万用表检测电路和排除常见的电气故障。

三、任务实施

（一）按钮切换的星形 – 三角形减压起动控制电路

1. 识读电路图

（1）电动机定子绕组的连接方式　三相异步电动机定子绕组有星形联结和三角形联结两种接法，如图 3-2 所示。

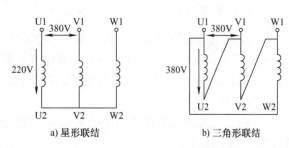

a) 星形联结　　　　b) 三角形联结

图 3-2　定子绕组星形联结与三角形联结

我国电网供电电压为 380V，正常运行时定子绕组三角形联结的笼型异步电动机，若在起动时接成星形，起动电压就会从 380V 降至 220V，加在每相定子绕组上的起动电压只有三角形联结时的 $1/\sqrt{3}$，从而限制了起动电流。待电动机转速上升后，再将定子绕组改成三角形联结，从而投入正常运行。

采用星形 – 三角形减压起动的方法，起动时定子绕组承受的电压是三角形联结时的 $1/\sqrt{3}$ 倍，起动电流是三角形联结时的 1/3，起动转矩也是三角形联结时的 1/3。

（2）电路的组成　电路中采用 KM1、KM2 和 KM3 三只接触器，当 KM1 主触头闭合时，接入三相交流电源，当 KM3 主触头闭合时，电动机定子绕组接成星形；当 KM2 主触头闭合时，电动机定子绕组接成三角形。

电路要求接触器 KM2 和 KM3 线圈不能同时得电，否则它们的主触头同时闭合，将造成主电路电源短路。为此，在 KM2 和 KM3 线圈各自回路中相互串接了对方的一对辅助常闭触头，以保证 KM2 和 KM3 线圈不会同时得电。KM2 和 KM3 这两对辅助常闭触头在电路中所起的作用也称为电气互锁。

2. 识读电路的工作过程

（1）主电路的工作过程　闭合电源开关 QF，KM1、KM3 主触头闭合时，电动机定子绕组接成星形减压起动；KM1、KM2 主触头闭合时，电动机定子绕组接成三角形全压运行。

（2）控制电路的工作过程

1）定子绕组星形联结减压起动过程：

$$按下 SB2 \rightarrow \begin{cases} KM1^+ \rightarrow \begin{cases} KM1辅助常开触头闭合，实现自锁； \\ KM1主触头闭合 \end{cases} \\ KM3^+ \rightarrow \begin{cases} KM3辅助常闭触头断开，实现互锁； \\ KM3主触头闭合 \end{cases} \end{cases} \rightarrow \begin{array}{l} 定子绕组接成星形， \\ 电动机减压起动。 \end{array}$$

2）定子绕组三角形接法全压运行过程：当减压起动一段时间后，电动机转速上升到接近额定转速时，再按下 SB3 按钮，电动机实现全压运行。其过程如下：

$$按下 SB3 \rightarrow \begin{cases} SB3 \ 常闭触头断开 \rightarrow KM3^- \rightarrow KM3所有触头复位； \\ SB3 \ 常开触头闭合 \rightarrow KM2^+ \rightarrow \begin{cases} KM2辅助常闭触头断开，实现互锁； \\ KM2辅助常开触头闭合，实现自锁； \\ KM2主触头闭合 \end{cases} \end{cases}$$

$$\rightarrow 定子绕组接成三角形，电动机全压运行。$$

3）停止过程：按下 SB1 → KM1⁻、KM2⁻ → 所有触头复位，电动机停止运行。

3. 电路安装接线

1）绘制电气安装接线图。根据图 3-1 绘制出按钮切换的星形 – 三角形减压起动控制电路的电气安装接线图，如图 3-3 所示。其电气元器件的布局与具有接触器互锁的电动机正反转控制电路基本相同，多了一个接触器。**注意**：所有接线端子标注的编号应与电气原理图一致，不能有误。

2）按工艺要求完成按钮切换的星形 – 三角形减压起动控制电路的安装接线。安装接线时应注意如下几点。

① 按钮内部的接线不要接错，起动按钮必须接常开触头（用万用表的欧姆档判别）。**注意**：SB3 要接成复合按钮的形式。

② 采用星形 – 三角形减压起动的电动机，必须有 6 个出线端子（即接线盒内的连接片要拆开），并且定子绕组在三角形联结时的额定电压应等于 380V。

③ 接线时要保证电动机三角形联结的正确性，即接触器 KM2 主触头闭合时，应保证定子绕组的 U1 与 W2、V1 与 U2、W1 与 V2 相连接。

④ 接触器 KM3 的进线必须从三相定子绕组的末端引入，若误将其首端引入，则在 KM3 线圈吸合时将会产生三相电源短路的事故。

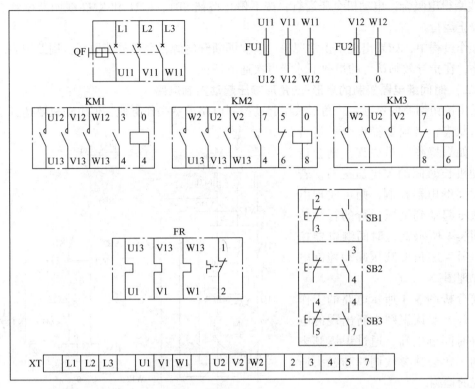

图 3-3　按钮切换的星形 – 三角形减压起动控制电路的电气安装接线图

4. 电路断电检查

1）按电气原理图或电气安装接线图从电源端开始，逐段核对接线及接线端子处是否正确，有无漏接、错接之处。检查导线接点是否符合要求，压接是否牢固。

2）用万用表检查电路的通断情况。检查时，应选用倍率适当的欧姆档，并进行校零，以防短路故障的发生。

对控制电路进行检查时（可断开主电路），可将万用表两表笔分别搭在 FU2 的两个出线端上（V12 和 W12），此时读数应为"∞"。按下起动按钮 SB2 时，读数应为接触器 KM1 和 KM3 线圈电阻的并联值；用手压下 KM1 的衔铁，使 KM1 常开触头闭合，读数也应为接触器 KM1 和 KM3 线圈电阻的并联值。同时按下 SB2 和 SB3 或者同时压下 KM1 和 KM2 的衔铁，万用表读数应为 KM1 和 KM2 线圈电阻的并联值。

对主电路进行检查时，电源线 L1、L2、L3 先不要通电，闭合 QF，用手压下接触器 KM1、KM2 的衔铁来代替接触器得电吸合时的情况进行检查，依次测量从电源端到电动机出线端子上的每一相电路的电阻值，检查是否存在开路现象。用手压下 KM3 衔铁，测量 U2、V2、W2 之间的电阻值，检查定子绕组星形联结是否正确。

5. 通电试车及故障排除

通电试车，操作相应按钮，观察各电器的动作情况。

把 L1、L2、L3 三端接上电源，闭合电源开关 QF，引入三相电源，按下按钮 SB2，接触器 KM1 和 KM3 线圈得电吸合，电动机减压起动；再按下按钮 SB3，KM3 线圈断电释放，

KM2 线圈得电吸合，电动机全压运行；按下停止按钮 SB1，KM1 和 KM2 线圈断电释放，电动机停止运行。

操作过程中，如果出现不正常现象，应立即断开电源，分析故障原因，用万用表仔细检查电路，在指导教师认可的情况下才能再次通电调试。

（二）时间继电器控制的星形-三角形减压起动控制电路

采用按钮切换的星形－三角形减压起动控制电路虽然操作方便，但电动机要达到全压正常运行状态，必须要操作全压运行按钮，如果操作人员失误，则会造成电动机长时间的欠电压运行。若采用时间继电器控制，则可实现电路从减压起动到全压运行的自动转换。图 3-4 所示就是时间继电器控制的星形－三角形减压起动控制电路的原理图。

要分析图 3-4 所示电路的工作原理，首先要认识图中新出现的电器元件时间继电器，通过识读其主要结构，学会其参数调整和触头通断情况的检测。

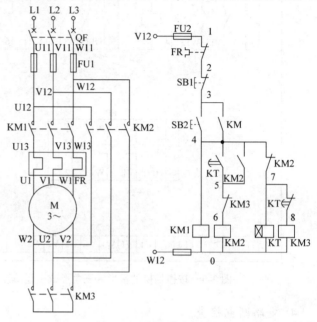

图 3-4　时间继电器控制的星形－三角形
减压起动控制电路原理图

1. 时间继电器

时间继电器是指输入信号输入后，经一定的延时，才产生输出信号的继电器。时间继电器的种类很多，常用的有电磁式、空气阻尼式、电动式和电子式等。对于电磁式时间继电器，当电磁线圈通电或断电后，经一段时间，延时触头状态才发生变化，即延时触头才动作。

常用时间继电器的外形如图 3-5 所示。

a) 空气阻尼式　　　　b) JS14S系列电子式　　　c) ST3P系列电子式　　　d) 晶体管式

图 3-5　常用时间继电器的外形

直流电磁式时间继电器用于直流电气控制电路中，只能断电延时动作。其优点是结构简单、运行可靠及寿命长；缺点是延时时间短。

　　空气阻尼式时间继电器是利用空气的阻尼作用获得延时的。分为通电延时型和断电延时型两种。

　　电子式时间继电器有 $R-C$ 式晶体管时间继电器和数字式时间继电器两种。电子式时间继电器的优点是延时范围宽、准确度高、体积小及工作可靠。

　　晶体管式时间继电器以 RC 电路中电容充电时电容上的电压逐步上升的原理为基础。电路有单结晶体管电路和场效应晶体管电路两种。晶体管式时间继电器有断电延时型、通电延时型和带瞬动触头延时型三种。

　　(1) 空气阻尼式时间继电器　空气阻尼式时间继电器是利用空气阻尼的原理获得延时的，主要由电磁机构、触头系统和延时装置三部分组成。电磁机构为直动式双 E 形，触头系统借用 LX5 型微动开关，延时装置采用气囊式阻尼器，其主要结构如图 3-6 所示。

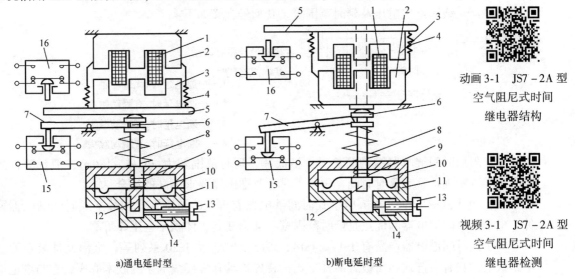

动画 3-1　JS7-2A 型空气阻尼式时间继电器结构

视频 3-1　JS7-2A 型空气阻尼式时间继电器检测

a)通电延时型　　　　b)断电延时型

图 3-6　空气阻尼式时间继电器的结构示意图

1—线圈　2—铁心　3—衔铁　4—反力弹簧　5—推板　6—活塞杆　7—杠杆　8—塔形弹簧
9—弱弹簧　10—橡胶膜　11—空气室壁　12—活塞　13—调节螺杆　14—进气孔　15、16—微动开关

　　根据触头延时的特点，又可分为通电延时型空气阻尼式时间继电器与断电延时型空气阻尼式时间继电器两种。根据电路的需要，改变空气阻尼式时间继电器电磁机构的安装方向，即可实现通电延时和断电延时的互换。因此，使用时不要仅仅观察时间继电器上的电路符号，还要会用万用表判别通断情况。

　　以通电延时型空气阻尼式时间继电器为例，对其动作原理介绍如下。

　　当线圈 1 通电后，衔铁 3 被吸合，微动开关 16 受压，其触头动作无延时，活塞杆 6 在塔形弹簧 8 的作用下，带动活塞 12 及橡胶膜 10 向上移动，但由于橡胶膜下方气室的空气稀薄，形成负压，因此活塞杆 6 只能缓慢地向上移动，其移动的速度视进气孔的大小而定，可通过调节螺杆 13 进行调整。经过一定的延时后，活塞杆才能移动到最上端。这时，通过杠杆 7 压动微动开关 15，使其常闭触头断开，常开触头闭合，从而起到通电延时的作用。

　　当线圈 1 断电时，电磁吸力消失，衔铁 3 在反力弹簧 4 的作用下释放，并通过活塞杆 6 将活塞 12 推向下端，这时橡胶膜 10 下方气室内的空气通过橡胶膜 10、弱弹簧 9 和活塞 12 肩部所形成的单向阀，迅速地从橡胶膜上方的气室缝隙中排掉，微动开关 15、16 能迅速复位，无延时。

由此可见时间继电器的触头动作情况如下：

通电延时型时间继电器是在线圈通电后，其瞬动触头立即动作，其延时触头经过一定延时后再动作；当线圈断电后，所有触头立即复位。

断电延时型时间继电器是在线圈通电后，所有触头立即动作；当线圈断电后，其瞬动触头立即复位，其延时触头经过一定延时后再复位。

这里的触头动作是指常闭触头断开，常开触头闭合。

空气阻尼式时间继电器在机床电气控制中应用最多，其常用型号为JS7－A、JS23系列。根据触头延时特点，分为通电延时（JS7－1A和JS7－2A）与断电延时（JS7－3A和JS7－4A）两种。JS7－A系列主要技术参数有瞬动触头数量、延时触头数量、触头额定电压、触头额定电流、线圈额定电压及延时范围等。其型号含义如下：

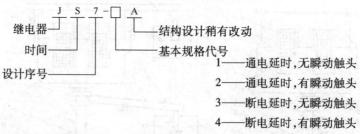

空气阻尼时间继电器结构简单、价格低廉、延时范围较大（0.4～180s），但延时误差较大，难以精确地整定延时时间，常用于对延时准确度要求不高的场合。

（2）电子式时间继电器 电子式时间继电器有 $R－C$ 晶体管式和数字式时间继电器两种。电子式时间继电器的优点是延时范围宽、准确度高、体积小且工作可靠。

电子式时间继电器产品有 JS13、JS14、JS15 \ JSZ3 及 JS20 系列等，全部元件装在印制电路板上，它有装置式和面板式两种型式，装置式具有带接线端子的胶木底座，它与继电器本体部分采用插座连接，然后用底座上的两只尼龙锁扣锚紧。面板式采用的是通用的八个管脚的插针，可直接安装在控制台的面板上。JSZ3 电子式时间继电器如图 3-7 所示。

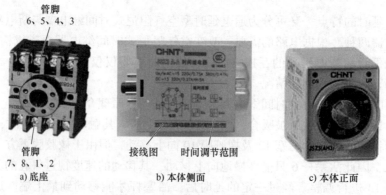

图 3-7　JSZ3 电子式时间继电器

例如，有一个晶体管时间继电器，型号是 JSZ3A－B，其外壳上有图 3-8 所示的示意图，指出其含义，并说明如何实现延时 30s 后闭合的功能。

图 3-8a 的含义是：接线端子 2 和 7 是由线圈引出的；接线端子 1、3 和 4 是"单刀双

掷"触头，其中，1 和 4 是常闭触头端子，1 和 3 是常开触头端子；同理，接线端子 5、6 和 8 是"单刀双掷"触头，其中，5 和 8 是常闭触头端子，6 和 8 是常开触头端子。

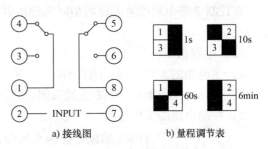

图 3-8b 的含义是：当时间继电器上的量程开关显示 1 和 3 时，量程为 1s；量程开关显示 2 和 3 时，量程为 10s；量程开关显示 1 和 4 时，量程为 60s；量程开关显示 2 和 4 时，量程为 6min。

图 3-8　电子式时间继电器的接线图

显然，要实现延时 30s 后闭合的功能，可以选择触头的接线端子 1 和 3 或者 6 和 8，线圈接线端子只能选择 2 和 7，量程开关选择显示 1 和 4，量程 60s，时间调节范围 0～60s。调节时间至 30s 刻度处。

时间继电器的电路符号如图 3-9 所示。

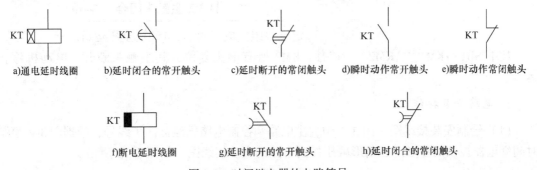

图 3-9　时间继电器的电路符号

时间继电器的选择原则是：首先按控制电路的电流种类和电压等级来选择时间继电器线圈的电压值，其次按控制电路的要求选择通电延时型还是断电延时型，再根据使用场合、工作环境、延时范围和精度要求来选择时间继电器的类型，然后选择触头是延时闭合还是延时断开，最后考虑延时触头的数量和瞬动触头的数量是否满足控制电路的要求。

对于延时要求不高的场合，通常选用直流电磁式或空气阻尼式时间继电器，但前者仅能获得直流断电延时，且延时时间在 5s 内，故限制了应用范围，大多情况下选用空气阻尼式时间继电器。

2. 电路图的识读

（1）电路的组成　电路中采用 KM1、KM2 和 KM3 三只接触器，当 KM1 主触头闭合时，接入三相交流电源，当 KM3 主触头闭合时，电动机定子绕组接成星形；当 KM2 主触头闭合时，电动机定子绕组接成三角形。

电路也要求接触器 KM2 和 KM3 线圈不能同时通电，否则它们的主触头同时闭合将造成主电路电源短路。为此，在 KM2 和 KM3 线圈各自回路中相互串接了对方的一对辅助常闭触头来实现电气互锁，以保证 KM2 和 KM3 线圈不会同时得电。KM2 的辅助常闭触头串联在 KM3 和 KT 线圈的公共支路中，当电动机在正常全压状态下工作时，使 KT 线圈断电，避免时间继电器长期工作。

在控制电路中利用通电延时型时间继电器的延时触头实现接触器 KM3 与 KM2 线圈得电的切换。

（2）电路的工作过程

1）主电路的工作过程：闭合 QF，当 KM1、KM3 主触头闭合时，电动机定子绕组接成星形减压起动；当 KM1、KM2 主触头闭合时，电动机定子绕组接成三角形全压运行。

2）控制电路的工作过程：

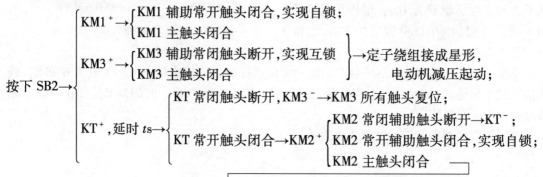

按下 SB1→KM1$^-$、KM2$^-$→KM1、KM2 所有触头复位，其主触头断开，电动机停止运行。

3. 电路安装接线

（1）绘制安装接线图　图 3-4 中，主电路和控制电路已经标注了线号，根据图 3-4 绘制时间继电器控制的星形 – 三角形减压控制电路的安装接线图，如图 3-10 所示。

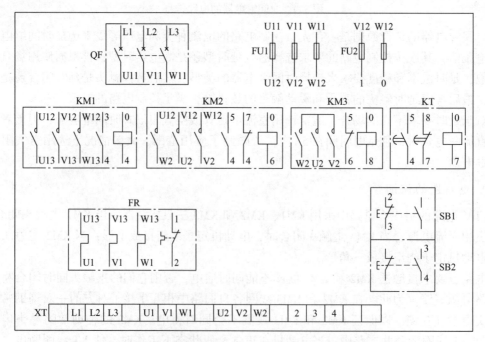

图 3-10　时间继电器控制的星形 – 三角形减压起动控制电路的安装接线图

（2）完成安装接线　根据图3-10所示安装接线图，完成星形－三角形减压起动控制电路的安装接线。接线时要保证电动机三角形接法的正确性，即接触器KM2主触头闭合时，应保证定子绕组的U2与V1、V2与W1、W2与U1相连接。

（3）电路检查及通电调试

1）不通电检查：电路全部安装完毕后，用万用表电阻档进行检查主电路和控制电路接线是否正确。

对主电路检查时，电源线L1、L2、L3先不要通电，合上QF，先用手压下接触器KM1的衔铁来代替接触器KM1得电吸合时的情况进行检查，依次测量从电源端（L1、L2、L3）到电动机出线端子（U1、V1、W1）之间的每一相电路的电阻值，检查是否存在开路现象。再用手压下接触器KM2的衔铁来代替接触器KM2得电吸合时的情况进行检查，依次测量从电源端（L1、L2、L3）到电动机出线端子（W2、U2、V2）之间的每一相电路的电阻值，检查是否存在开路现象。最后用手压下接触器KM3的衔铁来代替接触器KM3得电吸合时的情况进行检查，依次测量U2、V2、W2两两之间的电阻值，检查星形联结是否存在开路现象。

对控制电路检查时（可断开主电路），可用表棒分别搭在FU2的两个出线端上（V12和W12），此时读数应为"∞"。按下起动按钮SB2，读数应为接触器KM1、KM3和KT三只线圈电阻值的并联；用手压下KM1的衔铁，使KM1的常开触头闭合，读数也应为接触器KM1、KM3和KT三只线圈电阻值的并联。同时压下KM1和KM2的衔铁，万用表读数应为KM1和KM2两只线圈电阻值的并联。

2）通电调试：操作相应按钮，观察电器动作情况。通电前首先检查一下熔体规格及时间继电器、热继电器的整定值是否符合要求。

把L1、L2、L3三端接上电源，合上QF，引入三相电源，按下按钮SB2，KM1、KM3、KT线圈得电吸合自锁，电动机减压起动；延时时间到时，KM3线圈断电，KM2线圈得电自锁，电动机全压运行。按下停止按钮SB1，KM1、KM2线圈断电，电动机停止。

四、技能考核——时间继电器控制的星形-三角形减压起动控制电路的安装接线

（一）考核任务

1）在规定时间内按工艺要求完成时间继电器控制的星形－三角形减压起动控制电路的安装接线，且通电试验成功。

2）安装工艺应达到基本要求，线头长短应适当且接触良好。

3）遵守安全规程，做到文明生产。

（二）考核要求及评分标准

考核要求及评分标准见表3-1。

1. 安装接线(20分)

表3-1　安装接线考核要求及评分标准

项目内容	要　求	评分标准	扣分
连接线端	对于螺栓式接点，在导线连接时，应打羊眼圈，并按顺时针旋转。对于瓦片式接点，在导线连接时，直线插入接点固定即可	每处错误扣2分	
	严禁损伤线芯和导线绝缘层，接点上不能露铜丝太长	每处错误扣2分	
	每个接线端子上连接的导线根数一般以不超过两根为宜，并保证接线牢固	每处错误扣1分	
线路工艺	走线合理，做到横平竖直，布线整齐，各接点不能松动	每处错误扣1分	
	导线出线应留有一定的余量，并做到长度一致	每处错误扣1分	
	导线变换走向要弯成直角，并做到高低一致或前后一致	每处错误扣1分	
	避免交叉线、架空线、绕线和叠线	每处错误扣2分	
	导线折弯应折成直角	每处错误扣1分	
整体布局	板面线路应合理汇集成线束	每处错误扣1分	
	进出线应合理汇集在端子排上	每处错误扣1分	
	整体走线应合理美观	酌情扣分	

2. 不通电测试(20分)

（1）主电路检查　电源线L1、L2、L3先不要通电，使用万用表电阻档，合上电源开关QF，压下接触器KM1衔铁，使KM1主触头闭合，测量从电源端（L1、L2、L3）到电动机出线端子（U1、V1、W1）的每一相电路，将电阻值填入表3-2中。

压下接触器KM2衔铁，使KM2主触头闭合，测量从电源端（L1、L2、L3）到电动机出线端子（W2、U2、V2）的每一相电路，将电阻值填入表3-2中。

压下接触器KM3衔铁，使KM3主触头闭合，依次测量U2、V2、W2两两之间的电阻值，检查星形联结是否存在开路现象，将电阻值填入表3-2中。（共5分，错一处扣1分，扣完为止）

表3-2　主电路不通电检查记录

操作步骤	合上电源开关QF								
	压下KM1衔铁			压下KM2衔铁			压下KM3衔铁		
	L1 - U1	L2 - V1	L3 - W1	L1 - W2	L2 - U2	L3 - V2	U2 - V2	V2 - W2	W2 - U2
电阻值									

（2）控制电路检查　按下SB2按钮，测量控制电路两端（V12 - W12），将电阻值填入表3-3中；压下接触器KM1衔铁，测量控制电路两端（V12 - W12），将电阻值填入表3-3中；压下接触器KM1、KM2衔铁，测量控制电路两端（V12 - W12），将电阻值填入表3-3中。（共15分，错一处扣5分）

表 3-3 控制电路不通电检查记录

操作步骤	控制电路两端（V12 – W12）		
	按下 SB2	压下 KM1 衔铁	压下 KM1、KM2 衔铁
电阻值			

3. 通电试验 (60 分)

在使用万用表检测后，接入电源通电试车。考核表见表 3-4。

表 3-4 时间继电器控制的星形 – 三角形减压起动控制电路的通电测试考核表

测试情况	配分	得分	故障原因
一次通电成功	60 分		
二次通电成功	40 ~ 50 分		
三次及以上通电成功	30 分		
不成功	10 分		

五、拓展知识——定子回路串电阻减压起动控制电路

电动机在起动时在三相定子回路中串接电阻，使电动机定子绕组的电压降低，待起动结束后再将电阻短接，使电动机在额定电压下正常运行，这种起动方式叫做定子回路串电阻减压起动。该起动方式不受电动机接线形式的影响，且设备简单，因而在中小型生产机械设备中应用较广泛。

但因起动电阻一般采用板式电阻或铸铁电阻，电阻功率大，故能量损耗较大。如果起动频繁，则电阻的温度会升高很多，故目前这种减压起动的方式在生产实际中的应用正在逐渐减少。

定子回路串电阻减压起动的控制电路如图 3-11 所示。

1. 主电路的工作过程

闭合 QS，当 KM1 主触头闭合时，电动机串电阻减压起动；当 KM2 主触头闭合时，电动机全压运行。

2. 控制电路的工作过程

1) 图 3-11b 所示的控制电路工作过程如下。

① 起动过程：

按下 SB2 → $\begin{cases} KM1^+ \to \begin{cases} KM1\text{ 常开辅助触头闭合，实现自锁；} \\ KM1\text{ 主触头闭合} \to \text{电动机串电阻减压起动。} \end{cases} \\ KT^+ \xrightarrow{\Delta t} KT\text{ 延时闭合常开触头闭合} \to KM2^+ \end{cases}$

→ KM2 主触头闭合 → 短接 R，电动机全压运行。

② 停止过程：按下 SB1，KM1、KM2、KT 线圈断电，KM1、KM2 主触头断开，电动机

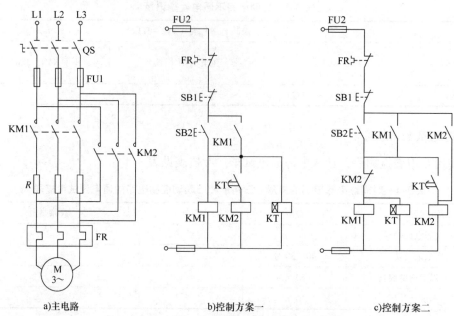

a)主电路　　　　　　　　　b)控制方案一　　　　　　　c)控制方案二

图 3-11　定子回路串电阻减压起动控制电路

停止运行。

在图 3-11b 中，电动机全压运行时，接触器 KM1、KM2、KT 线圈都处于长时间通电状态。而在电动机全压运行时，KM1 和 KT 线圈的通电是不必要的。此时，KM1 和 KT 线圈通电不仅消耗电能，同时也会缩短电器的使用寿命且会增加故障发生的机会。图 3-11c 所示电路很好地解决了这个问题。当 KM2 线圈得电自锁后，其常闭触头将断开，使 KM1、KT 线圈断电。

2）图 3-11c 所示的控制电路工作过程如下

① 起动过程：

按下 SB2→
$\begin{cases} \text{KM1}^+ \rightarrow \begin{cases} \text{KM1 常开辅助触头闭合,实现自锁;} \\ \text{KM1 主触头闭合→电动机串电阻减压起动。} \end{cases} \\ \text{KT}^+ \xrightarrow{\Delta t} \text{KT 延时闭合常开触头闭合→KM2}^+ \end{cases}$

$\begin{cases} \text{KM2 常闭辅助触头断开→KM1}^-\text{、KT}^-\text{;} \\ \text{KM2 常开辅助触头闭合,实现自锁;} \\ \text{KM2 主触头闭合→短接 } R\text{,电动机全压运行。} \end{cases}$

② 停止过程：按下 SB1，KM2 线圈断电，KM2 主触头断开，电动机停止运行。

思考与练习

1. 单项选择题

1）通电延时型时间继电器延时常开触头的动作特点是(　　　)。

A. 线圈得电后，触头延时断开　　　B. 线圈得电后，触头延时闭合

C. 线圈得电后，触头立即断开　　　D. 线圈得电后，触头立即闭合

2）断电延时型与通电延时型空气阻尼式时间继电器的结构相同，只是将（　　）翻转180°安装，通电延时型即变为断电延时型。

A. 触头系统　　　　B. 线圈　　　　C. 电磁机构　　　　D. 衔铁

3）当三相异步电动机采用星形 – 三角形减压起动时，每相定子绕组承受的电压是全压起动的（　　）倍。

A. 2　　　　　　　B. 3　　　　　　C. $1/\sqrt{3}$　　　　　D. 1/3

4）采用星形 – 三角形减压起动的方法起动电动机时，减压起动电流是全压起动电流的（　　）。

A. 1/3　　　　　B. $1/\sqrt{3}$　　　　C. 2/3　　　　　D. $2/\sqrt{3}$

5）三相异步电动机采用星形 – 三角形减压起动时，起动转矩是三角形联结全压起动时的（　　）倍。

A. $\sqrt{3}$　　　　　B. $1/\sqrt{3}$　　　　C. $\sqrt{3}/2$　　　　D. 1/3

2. 判断题

1）晶体管式时间继电器是根据 RC 电路的充电原理来获得延时的。　　　　　（　　）

2）三相异步电动机都可以采用星形 – 三角形减压起动的方法。　　　　　（　　）

3）要想使三相异步电动机能采用星形 – 三角形减压起动，电动机在正常运行时定子绕组必须是三角形联结。　　　　　（　　）

4）定子绕组是三角形联结的电动机应选用带断相保护装置的三相结构热继电器。

（　　）

5）三相异步电动机定子绕组的联结是由电源线电压和每相定子绕组额定电压的关系决定的。　　　　　（　　）

3. 分析图 3-12 所示电路的工作原理。

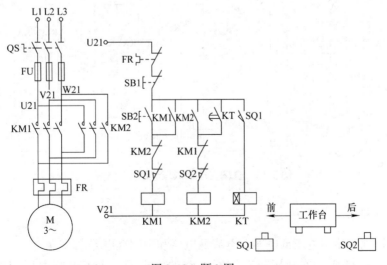

图 3-12　题 3 图

4. 简述星形 – 三角形减压起动的特点和适用场合。

5. 画出时间继电器的电路符号，填入表 3-5 中。

表 3-5　时间继电器的电路符号练习

类　　型	电　路　符　号				
	线圈	延时闭合的常开触头	延时断开的常闭触头	延时断开的常开触头	延时闭合的常闭触头
通电延时型时间继电器				—	—
断电延时型时间继电器		—	—		

任务二　自耦变压器减压起动控制电路

一、任务描述

　　三相异步电动机自耦变压器减压起动是指将自耦变压器的一次侧接于电网上，起动时电动机定子绕组接在自耦变压器的二次侧上。这样，电动机在起动时其定子绕组上所加电压为自耦变压器的二次电压，待起动完毕后切除自耦变压器，将额定电压直接加于定子绕组上，使电动机进入全压正常运转状态。本任务要求识读图 3-13 所示的电路并掌握其工作原理。

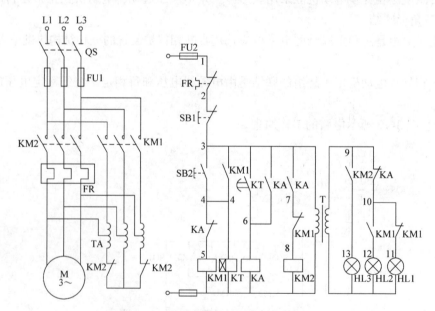

图 3-13　自耦变压器减压起动控制电路

二、任务目标

　　1）学会识别和使用电压继电器、电流继电器和中间继电器。

　　2）能识读自耦变压器减压起动控制电路的原理图，了解电路中所用电气元器件的作用。

三、任务实施

(一) 自耦变压器减压起动

1. 自耦变压器

变压器由铁心和绕组两个基本部分组成，如图 3-14 所示，在一个闭合的铁心上套有两个绕组，绕组与绕组之间以及绕组与铁心之间都是绝缘的。绕组一般采用绝缘铜线或铝线绕制，其中与电源相连的绕组称为一次绕组（或称为一次侧），与负载相连的绕组称为二次绕组（或称为二次侧）。

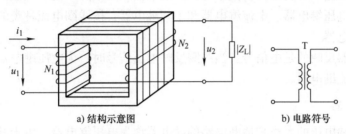

图 3-14　单相控制变压器

一、二次绕组上电压的比值等于两者的匝数之比，当一次绕组的匝数 N_1 比二次绕组的匝数 N_2 多时，为减压变压器；反之，当 N_1 的匝数少于 N_2 的匝数时，为升压变压器。

自耦变压器是只有一个绕组的变压器，从绕组中抽出一部分线匝作为二次绕组，单相自耦变压器的结构示意图和电路符号如图 3-15 所示。

把三个单相自耦变压器进行星形或三角形的连接，就组成了三相自耦变压器，三相自耦变压器的结构示意图和电路符号如图 3-16 所示。

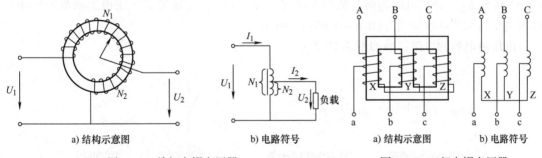

图 3-15　单相自耦变压器　　　　　　图 3-16　三相自耦变压器

2. 自耦变压器减压起动原理

三相异步电动机自耦变压器减压起动，就是起动时加到电动机定子绕组上的电压是通过变压器减压后的二次电压，即将自耦变压器一次侧接于电网上，起动时电动机定子绕组接在自耦变压器二次侧上。这样，起动时定子绕组上得到自耦变压器的二次电压，起动完毕后，额定电压直接加于定子绕组，使电动机进入全压正常运转。

这种起动方法，可选择自耦变压器的分接头位置来调节电动机的端电压，而起动转矩比星形-三角形减压起动大。但自耦变压器投资大，且不允许频繁起动。它仅适用于星形或三角形连接的、容量较大的电动机。

(二) 电磁式继电器

继电器是一种根据电量(电流、电压)或非电量(时间、速度、温度及压力等)的变化自动接通和断开控制电路, 以完成控制或保护任务的电器。

虽然继电器和接触器都是用来自动接通或断开电路的, 但是它们仍有很多不同之处。继电器可以对各种电量或非电量的变化作出反应, 而接触器只有在一定的电压信号作用下动作; 继电器用于切换小电流的控制电路, 而接触器则用来控制大电流的电路, 因此, 继电器的触头容量较小(不大于5A), 且无灭弧装置。

继电器用途广泛、种类繁多, 其中电磁式继电器应用最为广泛。电磁式继电器按输入信号的不同可分为电压继电器、电流继电器和中间继电器; 按线圈电流种类的不同可分为交流继电器和直流继电器。

电磁式继电器反映的是电信号, 当线圈反映电压信号时, 为电压继电器; 当线圈反映电流信号时, 为电流继电器。

1. 电压继电器

根据线圈两端电压的大小来通断电路的继电器称为电压继电器。由于其线圈与被测电路并联, 反映电路电压的大小, 所以线圈匝数多、导线细且阻抗大。按继电器吸合电压相对额定电压的大小可分为过电压继电器和欠电压继电器。

(1) 过电压继电器　在电路中用于过电压保护。当线圈两端电压为额定电压时, 衔铁不吸合, 当线圈电压高于额定电压时, 衔铁才吸合动作。吸合电压的调节范围为$(1.05 \sim 1.2)U_N$。

(2) 欠电压继电器　在电路中用于欠电压保护。当线圈两端电压低于额定电压时, 衔铁就吸合, 而当线圈电压很低时衔铁才释放。一般直流欠电压继电器吸合电压的调节范围为$(0.3 \sim 0.5)U_N$, 释放电压的调节范围为$(0.07 \sim 0.2)U_N$。交流欠电压继电器的吸合电压与释放电压的调节范围分别为$(0.6 \sim 0.85)U_N$和$(0.1 \sim 0.35)U_N$。

电压继电器的电路符号如图3-17所示。

　　a)过电压继电器线圈　　b)欠电压继电器线圈　　　c)常开触头　　　d)常闭触头

图3-17　电压继电器的电路符号

2. 电流继电器

根据线圈中电流的大小通断电路的继电器称为电流继电器。电流继电器的线圈串接在被测电路中, 以反映电流的变化, 其触头接在控制电路中, 用于控制接触器线圈或信号指示灯的通断。由于其线圈串联在被测电路中, 所以线圈阻抗应较被测电路的等效阻抗小得多, 以免影响被测电路的正常工作, 因此, 电流继电器的线圈匝数少、导线粗。电流继电器按用途可分为过电流继电器和欠电流继电器。

（1）过电流继电器　正常工作时，线圈流过负载电流，即流过额定电流，衔铁处于释放状态，不吸合。只有当线圈电流超过某一整定值时，衔铁才吸合，带动触头动作，其常闭触头断开，分断负载电路，起过电流保护作用。通常过电流继电器的吸合电流为$(1.1 \sim 3.5)I_N$。JT4 系列过电流继电器的结构和工作原理示意图如图 3-18 所示。

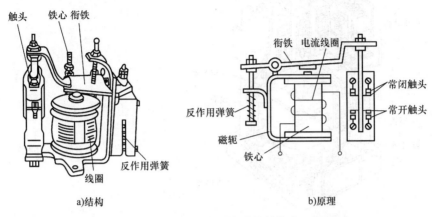

a)结构　　　　　　　　　　b)原理

图 3-18　JT4 系列过电流继电器的结构和工作原理

（2）欠电流继电器　正常工作时，线圈流过负载额定电流，衔铁吸合动作。当电流低于某一整定值时，衔铁释放，其常开触头、常闭触头复位。欠电流继电器在电路中起欠电流保护作用，通常将欠电流继电器的常开触头串接于电路中，当电流低于某一整定值使衔铁释放时，常开触头复位断开电路，起到保护作用。欠电流继电器的结构和过电流继电器相似。

对于交流电路没有欠电流保护，因此没有交流欠电流继电器。直流欠电流继电器的吸合电流与释放电流的调节范围为$(0.3 \sim 0.65)I_N$和$(0.1 \sim 0.2)I_N$。

欠电流继电器一般用于直流电动机的励磁回路中监视励磁电流，作为直流电动机的弱磁超速保护或励磁回路与其他电路之间的联锁保护。

电流继电器的电路符号如图 3-19 所示。

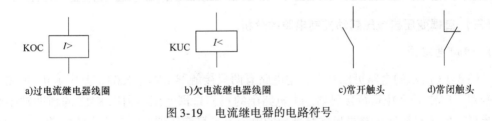

a)过电流继电器线圈　　　b)欠电流继电器线圈　　　c)常开触头　　　d)常闭触头

图 3-19　电流继电器的电路符号

3. 中间继电器

中间继电器在结构上是一个电压继电器。它是用来转换控制信号的中间元件，其触头数量较多。当中间继电器的线圈通电或断电时，有较多的触头动作，所以它可以用来增加控制电路中信号的数量。中间继电器的触头额定电流比线圈大，所以又可用来放大信号。

图 3-20 所示为 JZ7 系列中间继电器的结构，与小型的接触器结构相似。其触头共有 8 对，无主副之分，可以组成 4 对常开 4 对常闭、6 对常开 2 对常闭或 8 对常开等形式，多用

于交流控制电路中。中间继电器的电路符号如图 3-20 所示。

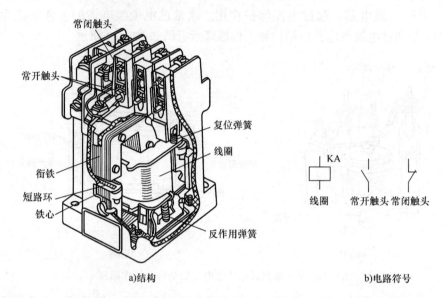

常闭触头
常开触头
复位弹簧
线圈
衔铁
短路环
铁心
反作用弹簧
a)结构

KA
线圈 常开触头 常闭触头
b)电路符号

图 3-20 JZ7 系列中间继电器的结构与电路符号

中间继电器的常用类型有 JZ7 和 JZ14 等系列。表 3-6 为 JZ7 系列中间继电器的技术参数。

表 3-6 JZ7 系列中间继电器的技术参数

型号	触头额定电压/V		触头额定电流/A	触头数量		额定操作频率/(次/h)	吸引线圈电压/V	吸引线圈消耗的功率/V·A	
	直流	交流		常开	常闭			起动	吸持
JZ7 – 44	440	500	5	4	4	1200	12、34、36、48、110、127、220、380、440、500	75	12
JZ7 – 62	440	500	5	6	2	1200		75	12
JZ7 – 80	440	500	5	8	0	1200		75	12

（三）自耦变压器减压起动控制电路的分析

1. 识读电路图

从图 3-13 所示的电路可以看出，主电路有两只接触器 KM1、KM2，其中 KM1 是减压起动接触器，KM2 是全压运行接触器。主电路中的三相自耦变压器利用 KM2 的辅助常闭触头接成星形，因为自耦变压器星形联结部分的电流是自耦变压器一、二次电流之差。

控制电路中，利用时间继电器实现减压起动与全压运行的切换，KA 是中间继电器。

2. 识读电路的工作过程

（1）主电路的工作过程 闭合 QS，当 KM1 主触头闭合时，电动机所加电压为自耦变压器的二次电压，进行减压起动；当 KM2 主触头闭合时，电动机接入电网全压运行。

（2）控制电路的工作过程

① 起动运行过程：

$$按下 SB2 \begin{cases} KM1^+ \rightarrow \begin{cases} KM1\ 辅助常闭触头断开,实现互锁; \\ KM1\ 辅助常开触头闭合,实现自锁; \\ KM1\ 主触头闭合\rightarrow电动机减压起动。 \end{cases} \\ KT^+ \xrightarrow{\Delta t} KT(3-6)闭合\rightarrow KA^+ \rightarrow \begin{cases} KA(4-5)断开\rightarrow KM1^-,KM1\ 所有触头复位\rightarrow KT^-; \\ KA(3-6)闭合,实现自锁; \\ KA(3-7)闭合\rightarrow KM2^+ \end{cases} \end{cases}$$

$$\rightarrow KM2\ 主触头闭合,电动机全压运行。$$

② 停止过程:按下 SB1→KM2⁻、KA⁻→所有触头复位→电动机断电停止。

(3) 指示灯电路的工作过程 闭合电源开关 QS,HL1 亮,表明电源电压正常,即 HL1 是电源指示灯;当 KM1 辅助常闭触头断开、常开辅助触头闭合时,HL1 灭,HL2 亮,显示电动机处于减压起动状态,即 HL2 是减压起动指示灯;当 KM2 辅助常开触头闭合时,HL3 亮,而此时 KA 常闭触头断开,使 HL2 灭,显示电动机减压起动结束,进入正常运转状态,即 HL3 是全压运行指示灯。

四、技能考核——自耦变压器减压起动控制电路的识读

(一) 考核任务

识读图 3-21 所示的自耦变压器减压起动控制电路的原理图,口述或用流程法写出电路的工作过程。

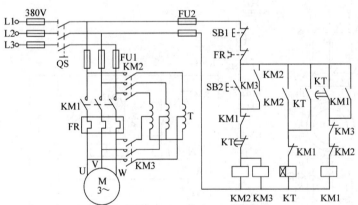

图 3-21 自耦变压器减压起动控制电路

(二) 考核要求及评分标准

考核要求及评分标准见表 3-7。

表 3-7 自耦变压器减压起动控制电路的识读考核要求及评分标准

序号	项目		配分	评 分 标 准	得分	备注
1	主电路		20	主电路功能分析正确,每错一项扣 5 分		
2	控制电路	减压起动	35	减压起动分析正确,每错一项扣 5 分		
		全压运行	35	全压运行分析正确,每错一项扣 5 分		
		停止	10	停止过程分析正确,每错一项扣 5 分		
合计总分						

五、拓展知识——绕线转子异步电动机的起动控制电路

在实际生产中要求起动转矩较大且调速平滑的场合(如起重运输机械),常常采用三相绕线转子异步电动机。绕线转子异步电动机一般采用转子串电阻或转子串频敏变阻器来起动,以达到减小起动电流、增大起动转矩及平滑调速的目的。

1. 绕线转子异步电动机转子串电阻起动控制电路

绕线转子异步电动机采用转子串电阻起动时,在转子回路中串入星形联结的三相起动电阻,起动时把起动电阻调到最大位置,以减小起动电流,并获得较大的起动转矩;随着电动机转速的升高,逐渐减小起动电阻(或逐段切除);待起动结束后将起动电阻全部切除,即电动机在额定状态下运行。

图 3-22 所示为按时间原则控制的绕线转子异步电动机转子串电阻起动的电路原理图。电动机起动前,起动电阻全部接入电路,随着起动过程的进行,利用时间继电器把起动电阻逐段短接,直至起动电阻全部被短接,电动机运行于额定状态下。转子回路三段起动电阻的短接是依靠 KT1、KT2、KT3 三只时间继电器和 KM2、KM3、KM4 三只接触器的相互配合来完成的。电路中只有 KM1、KM4 处于长期通电状态,而 KT1、KT2、KT3、KM2、KM3 五只线圈的通电时间均被压缩到最低限度,这样做一方面节省了电能,更重要的是延长了它们的使用寿命。

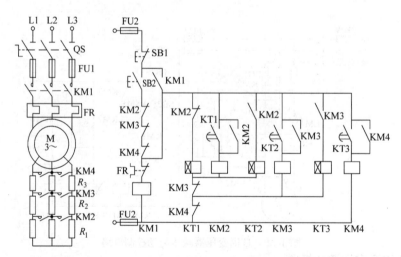

图 3-22   时间原则控制的转子串电阻起动控制电路原理图

电路的工作过程如下。

(1) 主电路的工作过程   闭合电源开关 QS。当 KM1 主触头闭合时,电动机转子串入全部电阻进行起动;当 KM2 主触头闭合时,切除第一级起动电阻 R_1;当 KM3 主触头闭合时,切除第二级起动电阻 R_2;当 KM4 主触头闭合时,切除第三级起动电阻 R_3;随着各级电阻被切除,电动机转速不断升高,最后达到额定值,起动过程全部结束。

(2) 控制电路的工作过程

① 全压起动过程:

$$按下\ SB2 \rightarrow \begin{cases} KM1^+ \rightarrow \begin{cases} KM1\ 辅助常开触头闭合，实现自锁； \\ KM1\ 主触头闭合 \rightarrow 电动机串入全部电阻减压起动。 \end{cases} \\ KT1^+ \xrightarrow{\Delta t_1} KT1\ 常开触头延时闭合 \rightarrow KM2^+ \end{cases}$$

$$\begin{cases} KM2\ 辅助常闭触头断开 \rightarrow KT1^-； \\ KM2\ 辅助常开触头闭合，实现自锁； \\ KM2\ 辅助常开触头闭合 \rightarrow KT2^+ \xrightarrow{\Delta t_2} KT2\ 常开触头延时闭合 \rightarrow KM3^+ \\ KM2\ 主触头闭合 \rightarrow 切除\ R_1。 \end{cases}$$

$$\begin{cases} KM3\ 辅助常闭触头断开 \rightarrow KM2^-，KT2^-； \\ KM3\ 辅助常开触头闭合，实现自锁； \\ KM3\ 辅助常开触头闭合 \rightarrow KT3^+ \xrightarrow{\Delta t_3} KT3\ 常开触头延时闭合 \rightarrow KM4^+ \\ KM3\ 主触头闭合 \rightarrow 切除\ R_2。 \end{cases}$$

$$\begin{cases} KM4\ 辅助常闭触头断开 \rightarrow KM3^-，KT3^-； \\ KM4\ 辅助常开触头闭合，实现自锁； \\ KM4\ 主触头闭合 \rightarrow 切除\ R_3，电动机全压运行。 \end{cases}$$

② 停止：按下 SB1 $\rightarrow$ KM1$^-$、KM4$^-$ $\rightarrow$ 所有触头复位 $\rightarrow$ 电动机断电停止。

2. 绕线转子异步电动机转子串频敏变阻器起动控制电路

绕线转子异步电动机采用转子串接电阻起动时，在起动过程中由于逐段减小电阻，电流和转矩会突然增加，从而产生一定的机械冲击。另外，由于串接电阻的起动电路复杂，使得工作不可靠，且电阻本身比较笨重，能耗较大，控制箱体积较大。因此，从 20 世纪 60 年代开始，我国开始推广频敏变阻器。频敏变阻器的阻抗能够随着转子电流频率的下降自动减小，所以它是绕线转子异步电动机的一种较为理想的起动设备，常用于较大容量的绕线转子异步电动机的起动控制。

图 3-23 所示为转子串频敏变阻器的起动控制电路，该电路可以实现自动和手动控制。自动控制时，将开关 SA 扳向"自动"位置，当按下起动按钮 SB2 时，利用时间继电器 KT 控制中间继电器 KA 和接触器 KM2 的动作，在适当的时间将频敏变阻器短接。当将开关 SA 扳向"手动"位置时，时间继电器 KT 不起作用，利用按钮 SB3 手动控制中间继电器 KA 和接触器 KM2 的动作。起动过程中，KA 的常闭触头将热继电器的热元件 FR 短接，以免因起动时间过长而使热继电器误动作。图 3-23 中，TA 是电流互感器，用于检测流过热继电器的热元件的定子电流。电路的工作原理请读者自行分析。

在使用频敏变阻器的过程中，如遇到下列情况，可以调整匝数或气隙。

1）起动电流过大或过小，可设法增加或减少匝数。

2）起动转矩过大，有机械冲击，而起动完毕时的稳定转速又偏低，可增加上下铁心间的气隙，以使起动电流略微增加，起动转矩略微减小，但起动完毕时转矩增大，稳定转速可以得到提高。

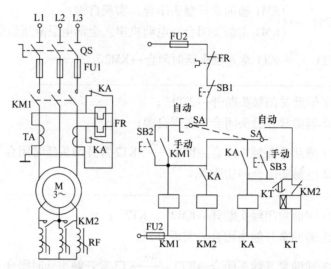

图 3-23　绕线转子异步电动机转子串频敏变阻器起动控制电路

思考与练习

1. 单项选择题

1）自耦变压器减压起动的方法适用于定子绕组是（　　）联结的异步电动机起动。

A. 只能星形　　　　　　B. 只能三角形　　　　C. 星形或三角形均可　　　　D. 视控制要求而定

2）电压继电器的线圈与电流继电器的线圈相比，具有的特点是（　　）。

A. 电压继电器的线圈与被测电路串联

B. 电压继电器的线圈匝数多、导线细、电阻大

C. 电压继电器的线圈匝数少、导线粗、电阻小

D. 电压继电器的线圈匝数少、导线粗、电阻大

3）欠电流继电器通常采用（　　）串接在控制电路中起欠电流保护作用。

A. 常开触头　　　　　　B. 常闭触头　　　　　C. 复合触头　　　　　　　D. 视控制要求而定

4）适用于电动机容量较大且不允许频繁起动的减压起动方法是（　　）减压起动。

A. 星形 – 三角形　　　　B. 自耦变压器　　　　C. 定子串电阻　　　　　　D. 延边三角形

5）频敏变阻器是一种阻抗值随（　　）明显变化的无触头元件。

A. 频率　　　　　　　　B. 电压　　　　　　　C. 转差率　　　　　　　　D. 电流

2. 判断题

1）欠电流继电器在电路正常情况下衔铁处于吸合状态，只有当电流低于规定值时衔铁才释放。　　　　　　　　　　　　　　　　　　　　　　　　　　　　（　　）

2）中间继电器本质上是一个电压继电器。　　　　　　　　　　　　　　（　　）

3）自耦变压器减压起动的方法适用于频繁起动的场合。　　　　　　　　（　　）

4）三相异步电动机都可以采用自耦变压器减压起动。　　　　　　　　　（　　）

5）频敏变阻器的起动方式可以使电动机起动平稳，克服不必要的机械冲击力。（　　）

3. 分析图 3-24 所示电路的工作过程。

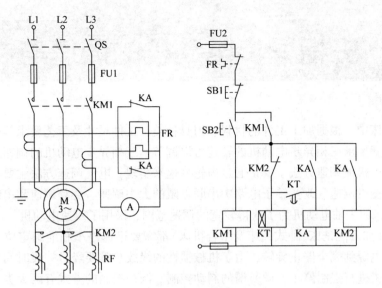

图 3-24 题 3 图

4. 画出下列指定电器的电路符号，填入表 3-8 中。

表 3-8 电路符号练习

类 型	电 路 符 号		
	线圈	常开触头	常闭触头
过电流继电器			
欠电流继电器			
过电压继电器			
欠电压继电器			

项目四　三相异步电动机的调速与制动控制

在一些机床中，根据加工工件的材料、刀具种类、工件尺寸及工艺要求等会选择不同的加工速度，这就要求三相异步电动机的转速可以调节。三相异步电动机的调速方法有机械调速和电气调速。机械调速方法主要是通过齿轮变速来实现；电气调速方法主要有改变定子绕组联结方式的变极调速、改变转子电路中串联电阻的大小调速、变频调速和串级调速等，如T68 型卧式镗床的主轴电动机为了获得较宽的调速范围，采用了双速电动机。

许多机床（如万能铣床、卧式镗床及组合机床）都需要迅速停车和准确定位，而三相异步电动机从断开电源到完全停止旋转，由于机械惯性的缘故总需要经过一段时间才能实现，这就要求对电动机进行强制停车，即所谓的制动控制。制动控制的方式有两大类：机械制动和电气制动。机械制动是在切断电源后，利用机械装置使电动机迅速停转的方法，应用较普遍的机械制动装置有电磁抱闸和电磁离合器，它们的制动原理基本相同；电气制动是在电动机上产生一个与原转子转动方向相反的制动转矩，迫使电动机迅速停车，常用的电气制动方法有能耗制动和反接制动。

本项目主要介绍三相异步电动机调速与制动的方法和特点，同时对变极调速控制电路和单向反接制动、能耗制动控制电路进行电路识读、安装接线及通电调试。

 项目教学目标

1）会分析三相异步电动机变极调速控制电路的工作原理，能够根据电气原理图绘制电气安装接线图，按电气接线工艺要求完成电路的安装接线。

2）能对所接变极调速控制电路进行检查与通电试验，会用万用表检测和排除常见的电气故障。

3）会分析三相异步电动机反接制动和能耗制动控制电路的工作原理，并能对它们进行电路安装接线与调试。

任务一　三相异步电动机变极调速控制电路

一、任务描述

三相异步电动机的转速表达式为

$$n = n_0(1-s) = \frac{60f_1}{p}(1-s) \tag{4-1}$$

式中，n_0 为电动机的同步转速；p 为磁极对数；f_1 为供电电源频率；s 为转差率。

从式（4-1）可以看出，对三相异步电动机进行调速的方法有三种：改变磁极对数 p 的变极调速、改变转差率 s 的调速和改变电动机供电电源频率 f_1 的变频调速。

多速电动机就是通过改变磁极对数 p 来实现调速的,通常采用改变定子绕组的接法来改变磁极对数。若绕组改变一次磁极对数可获得两个转速,称这样的电动机为双速电动机;改变两次磁极对数可获得三个转速,称该电动机为三速电动机;同理,还有四速、五速电动机,但要受定子结构及绕组接线的限制。当定子绕组的磁极对数改变后,转子绕组必须相应地改变。由于笼型异步电动机的转子无固定的磁极对数,且能随着定子绕组磁极对数的变化而变化,故变极调速只适用于笼型异步电动机。

本任务要求识读三相异步电动机变极调速的控制电路,完成按钮控制的双速电动机控制电路的安装接线和通电调试。

二、任务目标

1)能正确分析三相异步电动机变极调速控制电路的工作原理。

2)能根据按钮控制的双速电动机电路原理图绘制电气安装接线图,并完成电路的安装、接线和调试。

三、任务实施

(一) 双速电动机定子绕组的接线方式

双速电动机定子绕组常用的接线方式有 $\triangle$ – $\curlyvee\curlyvee$ 和 $\curlyvee$ – $\curlyvee\curlyvee$ 两种。图 4-1 所示是 4/2 极双速异步电动机定子绕组的 $\triangle$ – $\curlyvee\curlyvee$ 联结示意图。

图 4-1 中,定子绕组接成三角形,三根电源线接在接线端 U1、V1、W1 上,从每相绕组的中点引出接线端 U2、V2、W2,这样,定子绕组共有六个出线端,通过改变这六个出线端与电源的连接方式,就可以得到不同的转速。

图 4-1a 是将绕组的 U1、V1、W1 三个接线端接三相电源,将 U2、V2、W2 三个端悬空,三相定子绕组接成三角形。这时每一相的两个半绕组串联,电动机低速运行。

图 4-1b 是将 U2、V2、W2 三个接线端接三相电源,将 U1、V1、

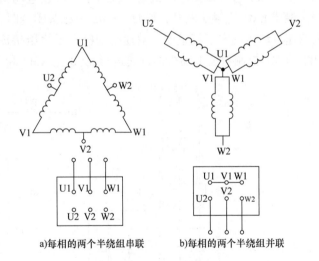

a)每相的两个半绕组串联　　b)每相的两个半绕组并联

图 4-1　4/2 极双速异步电动机定子绕组的 $\triangle$ – $\curlyvee\curlyvee$ 联结

W1 连接在一起,三相定子绕组接成双星形。这时每一相的两个半绕组并联,电动机高速运行。

图 4-2 所示是 4/2 极双速电动机定子绕组的 $\curlyvee$ – $\curlyvee\curlyvee$ 联结示意图。

图 4-2a 是将绕组的 U1、V1、W1 三个接线端接三相电源,将 U2、V2、W2 三个接线端悬空,三相定子绕组接成星形。这时每一相的两个半绕组串联,电动机以四极运行,为低速。

图 4-2b 是将 U2、V2、W2 三个接线端接三相电源,将 U1、V1、W1 连接在一起,三相

定子绕组接成双星形。这时每一相的两个半绕组并联，电动机以两极运行，为高速。

必须注意的是：当电动机改变磁极对数进行调速时，为保证调速前后电动机旋转方向不变，在主电路中必须交换电源的相序。

由于△–丫丫联结时转速提高了一倍，但功率提高不多，故属于恒功率调速（调速时，电动机输出功率不变），适用于金属切削机床。

丫–丫丫联结属于恒转矩调速（调速时，电动机输出转矩不变），适用于起重机、电梯及传动带运输机等。

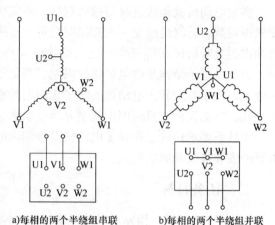

a)每相的两个半绕组串联　　b)每相的两个半绕组并联

图 4-2　4/2 极双速电动机定子绕组的丫–丫丫联结

（二）按钮控制的双速电动机控制电路

1. 识读电路图

图 4-3 所示为按钮控制的双速电动机控制电路图，双速电动机的定子绕组为△–丫丫联结。主电路中，当接触器 KM1 主触头闭合，KM2、KM3 主触头断开时，三相电源从接线端 U1、V1、W1 进入双速电动机定子绕组中，双速电动机定子绕组接成三角形，以低速运行；当接触器 KM1 主触头断开，KM2、KM3 主触头闭合时，三相电源从接线端 U2、W2、V2 进入双速电动机的定子绕组中，双速电动机定子绕组接成双星形，以高速运行。控制电路中，SB2、KM1 控制双速电动机的低速运行；SB3、KM2 和 KM3 控制双速电动机的高速运行。

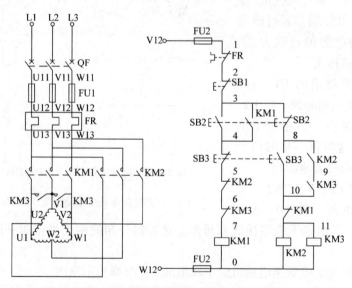

图 4-3　按钮控制的双速电动机控制电路

2. 识读电路的工作过程

（1）主电路的工作过程　闭合电源开关 QF，当 KM1 主触头闭合时，电动机低速起动运转；当 KM2、KM3 主触头闭合时，电动机高速起动运转。

（2）控制电路的工作过程

1）低速起动运行过程：

└→电动机定子绕组接成三角形低速起动运行。

2）高速起动运行过程：

└→电动机定子绕组接成双星形高速起动运行。

3）停止过程：

按下 SB1→KM1（或 KM2、KM3）线圈断电→所有触头复位→KM1（或 KM2、KM3）主触头断开→电动机停止运转。

3. 电路安装接线

1）按照图 4-3 所示电路配齐所需电气元器件，并进行必要的检测。

在不通电的情况下，用万用表或肉眼检查各元器件触头的分合情况是否良好；用手感觉熔断器在插拔时的松紧度，及时调整瓷盖夹片的松紧度；检查按钮中的螺钉是否完好，是否滑丝；检查接触器的线圈电压与电源电压是否相符。

2）根据图 4-3 绘制出按钮控制的双速电动机控制电路的电气安装接线图如图 4-4 所示。

3）安装电路时应注意以下几点。

① 接线时，注意主电路中的接触器 KM1、KM2 在两种转速下电源相序的改变，不能接错；否则，两种转速下电动机的转向相反，换向时将产生很大的冲击电流。

② 主电路接线时，要看清楚电动机出线端的标记，掌握接线要点，即控制双速电动机定子绕组三角形联结的接触器 KM1 和双星形联结的接触器 KM2 的主触头与电动机连接线不能对换，否则不但无法实现双速控制要求，而且会在双星形运行时造成电源短路事故。

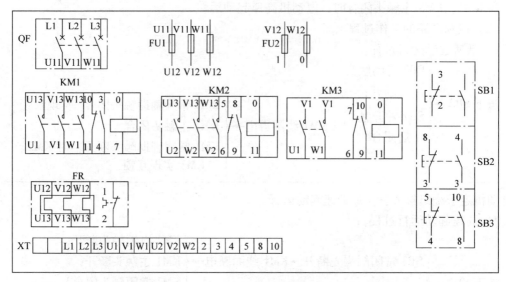

图 4-4　按钮控制的双速电动机控制电路的电气安装接线图

4. 电路断电检查

（1）检查主电路　取下 FU2 的熔体，装好 FU1 的熔体，断开控制电路。

1）定子绕组三角形联结，即电动机低速运行时主电路的检查：按下接触器 KM1 的动触头，用万用表分别测量电源开关 QF 下接线端 U11～V11、U11～W11、V11～W11 之间的电阻值，应分别为电动机 U1～V1、U1～W1、V1～W1 相绕组之间的电阻值；松开接触器 KM1 的动触头，万用表显示出电路由通到断。

2）定子绕组双星形联结，即电动机高速运行时主电路的检查：按下接触器 KM2 的动触头，用万用表分别测量电源开关 QF 下接线端 U11～V11、U11～W11、V11～W11 之间的电阻值，应分别为电动机 V2～W2、U2～W2、U2～V2 相绕组之间的电阻值，松开接触器 KM2 的动触头，万用表显示出电路由通到断。

（2）检查控制电路　取下 FU1 熔体，装好 FU2 熔体，将万用表表笔分别接到接线端 V12、W12 进行下列检查。

1）定子绕组三角形联结，即电动机低速运行时控制电路的检查：按下低速运行起动按钮 SB2，测出接触器 KM1 线圈的电阻值，松开 SB2，测得结果为断路。按下接触器 KM1 的动触头，测出 KM1 线圈的电阻值，松开接触器 KM1 的动触头，测得结果为断路。

2）定子绕组双星形联结，即电动机高速运行时控制电路的检查：按下高速运行起动按钮 SB3，测出接触器 KM2、KM3 线圈的电阻值（并联值），松开 SB3，测得结果为断路。按下接触器 KM2、KM3 的动触头，测出 KM2、KM3 线圈的电阻值，松开接触器 KM2、KM3 的动触头，测得结果为断路。

3）检查互锁电路的检查：按下 SB2，测出接触器 KM1 线圈电阻值的同时，按下接触器 KM2 或 KM3 的动触头使其常闭触头分断，万用表显示出电路由通到断；按下 SB3，测出接触器 KM2 和 KM3 线圈电阻值的同时，按下接触器 KM1 的动触头使其常闭触头分断，万用表显示出电路由通到断。

5．通电调试及故障排除

（1）空载试验　首先拆除电动机定子绕组的接线，闭合电源开关 QF，按下低速运行起动按钮 SB2 后松开，接触器 KM1 线圈通电，并保持吸合状态。按下高速运行起动按钮 SB3，接触器 KM1 应立即释放，接触器 KM2 和 KM3 线圈通电，并保持吸合状态。按下停止按钮 SB1，KM2 和 KM3 线圈立即断电释放。重复操作几次检查电路动作的可靠性。

（2）带负载试验　首先断开电源，接上电动机定子绕组，闭合 QF，按下低速起动按钮 SB2，观察电动机的起动运行情况，此时电动机低速起动运行，按下高速起动按钮 SB3，观察电动机从低速起动运行切换到高速运行的过程。按下停止按钮 SB1，电动机停车。

（三）时间继电器控制的双速电动机控制电路

1．识读电路图

时间继电器控制的双速电动机控制电路如图 4-5 所示，其中 SC 是具有三对触头的万能转换开关。电路的工作原理分析如下。

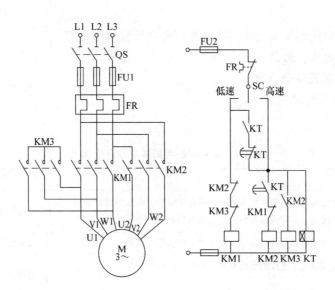

图 4-5　时间继电器控制的双速电动机控制电路

2．识读电路的工作过程

（1）主电路的工作过程　主电路的工作过程与图 4-3 所示电路相同。

（2）控制电路的工作过程

1）当将 SC 扳至"低速"位置时：

$$\text{KM1}^{+} \rightarrow \begin{cases} \text{KM1 常闭辅助触头断开，对 KM2 实现互锁；} \\ \text{KM1 主触头闭合} \rightarrow \text{电动机定子绕组接成三角形低速起动。} \end{cases}$$

2）当将 SC 扳至"高速"位置时：

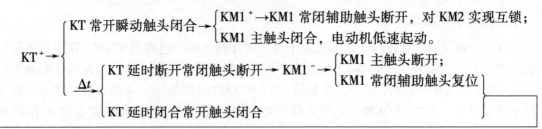

KM2⁺→

KM2常闭辅助触头断开，对 KM1 实现互锁；

KM2常开辅助触头闭合→KM3⁺→KM3主触头闭合→电动机的U1、V1、W1连在一起

KM2主触头闭合→电动机的U2、V2、W2 接电源

→电动机定子绕组接成双星形高速运行。

3）当将 SC 扳至"中间"位置时，电动机停止运行。

四、技能考核——按钮控制的双速电动机控制电路的安装接线

（一）考核任务

1）在规定时间内按工艺要求完成按钮控制的双速电动机控制电路的安装接线，且通电试验成功。

2）安装工艺应达到基本要求，线头长短应适当且接触良好。

3）遵守安全规程，做到文明生产。

（二）考核要求及评分标准

考核要求及评分标准见表4-1。

1. 安装接线(20 分)

表 4-1　安装接线考核要求及评分标准

项目内容	要　　求	评分标准	扣　　分
连接线端	对于螺栓式接点，在导线连接时，应打羊眼圈，并按顺时针旋转。对于瓦片式接点，在导线连接时，直线插入接点固定即可	每处错误扣2 分	
	严禁损伤线芯和导线绝缘层，接点上不能露铜丝太长	每处错误扣2 分	
	每个接线端子上连接的导线根数一般以不超过两根为宜，并保证接线牢固	每处错误扣1 分	
线路工艺	走线合理，做到横平竖直，布线整齐，各接点不能松动	每处错误扣1 分	
	导线出线应留有一定的余量，并做到长度一致	每处错误扣1 分	
	导线变换走向要弯成直角，并做到高低一致或前后一致	每处错误扣1 分	
	避免交叉线、架空线、绕线和叠线	每处错误扣2 分	
	导线折弯处应折成直角	每处错误扣1 分	
整体布局	板面线路应合理汇集成线束	每处错误扣1 分	
	进出线应合理汇集在端子排上	每处错误扣1 分	
	整体走线应合理美观	酌情扣分	

2. 不通电测试(20分)

（1）主电路的检查(共5分，错一处扣1分，扣完为止)　电源线 L1、L2、L3 先不要通电，使用万用表电阻档，合上电源开关 QF，压下接触器 KM1 衔铁，使 KM1 主触头闭合，测量从电源端(L1、L2、L3)到电动机出线端子(U1、V1、W1)的每一相电路，将电阻值填入表4-2中。压下 KM2 或 KM3 衔铁，测量相关电阻值，填入表4-2中。

表4-2　主电路不通电检查记录

操作步骤	合上电源开关 QF								
	压下 KM1 衔铁			压下 KM2 衔铁			压下 KM3 衔铁		
	L1 – U1	L2 – V1	L3 – W1	L1 – U2	L2 – W2	L3 – V2	U1 – V1	V1 – W1	W1 – U1
电阻值									

（2）控制电路的检查(共15分，错一处扣5分，扣完为止)　分别按下 SB2、SB3 按钮，依次测量控制电路两端(V12 – W12)，将电阻值填入表4-3中；压下接触器 KM1 衔铁，测量控制电路两端(V12 – W12)，将电阻值填入表4-3中；压下接触器 KM2、KM3 衔铁，测量控制电路两端(V12 – W12)，将电阻值填入表4-3中。

表4-3　控制电路不通电检查记录

操作步骤	控制电路两端 （V12 – W12）			
	按下 SB2	按下 SB3	压下 KM1 衔铁	压下 KM2、KM3 衔铁
电阻值				

3. 通电试验(60分)

在使用万用表检测后，接入电源通电试车。考核表见表4-4。

表4-4　双速电动机控制电路的通电测试考核表

测试情况	配分	得分	故障原因
一次通电成功	60分		
二次通电成功	40~50分		
三次及以上通电成功	30分		
不成功	10分		

五、拓展知识——三相绕线转子异步电动机转子串电阻的调速控制电路

三相异步电动机的三种调速方法中，改变转差率调速是通过改变定子电压、改变转子电路电阻以及串级调速来实现的。

改变转子外加电阻的调速方法只适用于绕线转子异步电动机。串入转子电路的电阻不同，电动机就工作在不同的人为机械特性上，从而获得不同的转速，达到调速的目的。尽管这种调速方法把一部分电能消耗在电阻上，降低了电动机的效率，但是由于其简单，便于操

作，所以目前在吊车、起重机类的生产机械上仍被普遍地采用。

　　图 4-6 所示为利用凸轮控制器来控制电动机正反转与调速的电路，利用凸轮控制器来接通接触器线圈，再用相应的接触器主触头来实现电动机的正反转与短接转子电阻来实现电动机的调速目的。图 4-6 中，KM 为电路接触器，KOC 为过电流继电器，SQ1、SQ2 分别为向前、向后的限位开关，QCC 为凸轮控制器。凸轮控制器左右各有 5 个工作位置，中间为零位，其上有 9 对常开触头，3 对常闭触头，其中 4 对常开触头接于电动机定子电路进行换相控制，用以实现电动机的正反转，转子电阻采用不对称接法。其余 3 对常闭触头中，其中一对用以实现零位保护，即控制器手柄必须置于"0"位才可以起动电动机。另外两对常闭触头与 SQ1 和 SQ2 限位开关串联实现限位保护。电路的工作原理请读者自行分析。

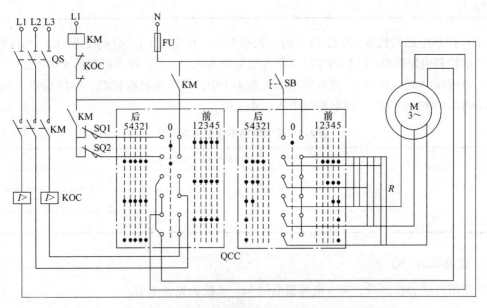

图 4-6　利用凸轮控制器实现绕线转子异步电动机的调速控制电路

思考与练习

1. 单项选择题

1）三相异步电动机电气调速的方法有（　　）种。

A. 2　　　　　　　　B. 3　　　　　　　　C. 4　　　　　　　　D. 5

2）三相异步电动机变极调速的方法一般只适用于（　　）。

A. 笼型异步电动机　　　　　　　　　B. 绕线转子异步电动机

C. 同步电动机　　　　　　　　　　　D. 滑差电动机

3）双速电动机的调速属于（　　）的调速方法。

A. 变频　　　　　B. 改变转差率　　　　C. 改变磁极对数　　　D. 降低电压

4）定子绕组三角形联结的 4 级电动机，接成双星形后，磁极对数为（　　）。

A. 1　　　　　　　　B. 2　　　　　　　　C. 4　　　　　　　　D. 5

5) 4/2 极双速电动机的出线端分别为 U1、V1、W1 和 U2、V2、W2，当它为 4 极时，与电源的接线为 U1 – L1、V1 – L2、W1 – L3。当它为两极时，为了保证电动机的转向不变，接线应为(　　)。

A. U2 – L1、V2 – L2、W2 – L3

B. U2 – L3、V2 – L1、W2 – L2

C. U2 – L3、V2 – L2、W2 – L1

D. U2 – L2、V2 – L3、W2 – L1

2. 判断题

1) 三相异步电动机的变极调速属于有级调速。　　　　　　　　　　　　　　(　　)

2) 变频调速只适用于三相笼型异步电动机速。　　　　　　　　　　　　　　(　　)

3) 只要在绕线转子异步电动机转子电路中接入调速电阻，通过改变电阻的大小，就可平滑调速。　　　　　　　　　　　　　　　　　　　　　　　　　　　　　　(　　)

4) 绕线转子异步电动机转子电路中接入电阻调速，属于变转差率的调速方法。(　　)

5) 改变定子电压调速只适用于三相笼型异步电动机速。　　　　　　　　　　(　　)

3. 识读图 4-7 所示电路的工作过程。

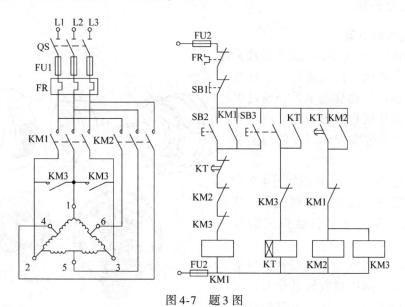

图 4-7　题 3 图

任务二　三相异步电动机反接制动控制电路

一、任务描述

当电动机断开三相交流电源后，因机械惯性不能迅速停止，此时如果立即在电动机定子绕组中接入反相序的交流电源，将使其产生与转动方向相反的制动转矩，从而使电动机受到制动而迅速停转。这就是电动机的反接制动法。图 4-8 所示为三相异步电动机单向反接制动的控制电路。

本任务要求能识读三相异步电动机反接制动的控制电路，会分析电路的工作原理，并可根据单向反接制动控制电路的电气原理图绘制其电气安装接线图，能完成电路的安装接线及通电调试。

二、任务目标

1）会识别和使用速度继电器。

2）会分析三相异步电动机反接制动控制电路的工作原理。

3）能根据单向反接制动控制电路的电气原理图绘制其电气安装接线图，并能按电气接线工艺要求完成电路的安装接线。

4）能够对安装好的电路进行检测和通电试验，会用万用表检测电路和排除常见的电气故障。

三、任务实施

（一）速度继电器

要分析图4-8所示电路的工作原理，首先要认识图中所用到的元器件。本任务新出现的元器件是速度继电器，通过引导学生对元器件进行外形观察、测试等相关活动，使学生掌握元器件的功能和使用方法。

速度继电器的结构示意图如图4-9所示，它是根据电磁感应原理制成的，其结构主要由转子、定子和触头三部分组成。

转子是一块圆柱形永久磁铁，与电动机同轴相连，用以接收转动信号。定子固定在可动支架上，是一个笼型空心圆环，由硅钢片叠成，并装有笼型绕组，定子套在转子上，定子上还装有胶木摆杆。触头系统由两组复合触头组成，每组分别由一个簧片（动触头）和两个静触头组成。当电动机运转时，转子（永久磁铁）随着一起转动，相当于一个旋转磁场，定子绕组因切割磁场而产生感应电

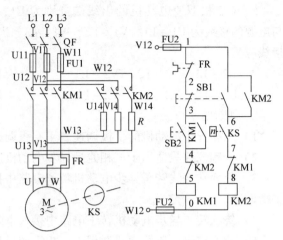

图4-8　三相异步电动机单向反接制动控制电路

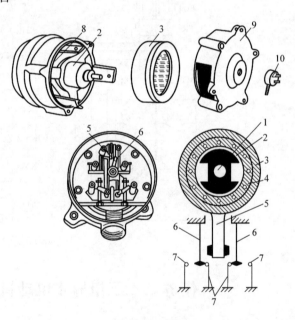

图4-9　速度继电器结构示意图

1—转轴　2—转子（永久磁铁）　3—定子　4—定子绕组
5—胶木摆杆　6—簧片（动触头）　7—静触头
8—可动支架　9—端盖　10—联接头

流，此电流又受到磁场力的作用，从而使定子和转子同方向转动，于是胶木摆杆也转动，推动簧片离开内侧静触头（常闭触头分断），与外侧静触头接触（常开触头闭合）。外侧静触头作为挡块，限制了胶木摆杆继续转动，因此，定子和胶木摆杆只能转动一定的角度。由于簧片具有一定的弹力，所以只有当电动机转速大于一定值时，胶木摆杆才能推动簧片；当转速小于一

定值时，定子产生的转矩减小，簧片(触头)复位。

通过调节簧片的弹力，可使速度继电器在不同转速时切换触头改变通断状态。

速度继电器的动作转速一般不低于 120r/min，复位转速约在 100 r/min 以下，该数值可以人为调整。速度继电器工作时，允许的最高转速可达 1000～3600 r/min。速度继电器的正转和反转切换触头的动作可用来反映电动机转向和速度的变化。速度继电器常用的型号有JY1 和 JFZ0 型，它们共有两对常开触头和两对常闭触头，触头的额定电压为 380V，额定电流为 2A。

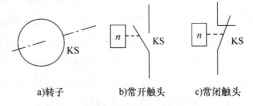

a)转子　　　b)常开触头　　　c)常闭触头

速度继电器主要根据电动机的额定转速和控制要求来选择。

速度继电器的图形符号如图 4-10 所示，文字符号为 KS。

图 4-10　速度继电器的转子及电路符号

(二) 单向反接制动控制电路

1. 反接制动的原理和实现要求

(1) 反接制动的原理　反接制动是利用改变电动机电源相序，使定子绕组产生的旋转磁场与转子惯性旋转方向相反，从而对电动机产生制动作用。反接制动原理如图 4-11 所示。

闭合 SC，电动机以转速 n_2 旋转。当电动机需要停转时，可先断开正转位置的电源开关 SC，使电动机与三相电源断开，而转子则由于惯性仍按原方向旋转。随后将开关 SC 迅速投向反接制动位置，使 U、V 两相电源相序对调，产生的旋转磁场 Φ 的方向与原来的方向正好相反，由此，在电动机转子中就产生了与原转动方向相反的电磁转矩，即制动转矩，使电动机受到制动而停止转动。

(2) 反接制动的要求　反接制动时，转子与旋转磁场的相对速度接近于两倍的同步转速，所以定子绕组中流过的反接制动电流相当于直接起动时电流的两倍，因此反接制动的特点是制动迅速、效果好。但冲击大，通常适用于 10kW 以下的小容量电动

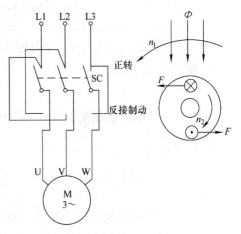

图 4-11　反接制动原理

机。为了减小冲击电流，通常要求串接一定的电阻以限制反接制动电流，这个电阻称为反接制动电阻。

反接制动电阻的接线方法有对称和不对称两种接法。显然，采用对称电阻接法可以在限制制动转矩的同时也限制制动电流；而采用不对称电阻的接法，则只限制了制动转矩，且未加制动电阻的那一相仍具有较大的制动电流，因此一般采用对称接法。

反接制动的另一个要求是在电动机转速接近零时，要及时切断反相序的电源，以防止电动机反向起动。对此，通常采用速度继电器来检测电动机的速度变化。

由于反接制动在制动过程中冲击强烈，易损坏传动部件，且制动准确性差，不宜经常制动。因此，反接制动一般适用于要求制动迅速、小容量电动机不频繁制动的场合。

2. 单向反接制动控制电路的识读

（1）识读电路图 图 4-8 中，主电路由两部分构成，其中电源开关 QF、熔断器 FU1、接触器 KM1 的三对主触头、热继电器 FR 的热元件和电动机组成了单向直接起动电路，而接触器 KM2 的三对主触头、制动电阻 R 和速度继电器 KS 组成反接制动电路，接触器 KM2 的三对主触头用于引入反相序交流电源，制动电阻 R 起限制制动电流的作用，速度继电器 KS 的转子与电动机的轴相连接，用来检测电动机的转速。

控制电路中，用两只接触器 KM1 和 KM2 分别控制电动机的起动运行与制动。SB1 为停止按钮，SB2 为起动按钮，KM1 与 KM2 线圈回路互串了对方的常闭触头，起电气互锁作用，避免 KM1 和 KM2 线圈同时得电而造成主电路中电源短路事故。

（2）识读电路的工作过程

1）主电路的工作过程：闭合 QF，当 KM1 主触头闭合时，电动机直接起动运行；当 KM2 主触头闭合时，电动机串接制动电阻 R 反接制动。

2）控制电路的工作过程

① 起动过程：

$$按下 SB2 \rightarrow KM1^+ \rightarrow \begin{cases} KM1\,常闭辅助触头断开，对KM2互锁 \\ KM1\,常开辅助触头闭合，自锁 \\ KM1\,主触头闭合，电动机直接起动运行 \end{cases}$$

$\rightarrow n\uparrow$，当 $n > 120\text{r/min}$ 时，KS 常开触头闭合，为反接制动做准备。

② 能耗制动过程：

$$按下 SB1 \rightarrow \begin{cases} SB1\,常闭触头断开 \rightarrow KM1^- \rightarrow 所有触头复位。 \\ \\ SB1\,常开触头闭合 \rightarrow \end{cases}$$

$$\rightarrow KM2^+ \rightarrow \begin{cases} KM2\,常闭辅助触头断开，对 KM1 互锁； \\ KM2\,常开辅助触头闭合，自锁； \\ KM2\,主触头闭合，电动机接入反相序的交流电源， \end{cases}$$

串入制动电阻 R 开始反接制动 $\rightarrow n\downarrow\downarrow$

$\rightarrow$ 当 $n < 100\text{r/min}$ 时，KS 常开触头复位 $\rightarrow KM2^-$，所有触头复位。

3. 单向反接制动控制电路的安装接线

（1）绘制电气安装接线图 根据图 4-8 绘制出单向反接制动控制电路的电气安装接线图如图 4-12 所示。**注意：** 所有接线端子标注的编号应与电气原理图一致，不能有误。

安装接线时应注意以下两点：

1）安装速度继电器前，要弄清其结构，分辨出常开触头的接线端。

2）在安装速度继电器时，采用速度继电器的联接头与电动机转轴直接连接的方法，并

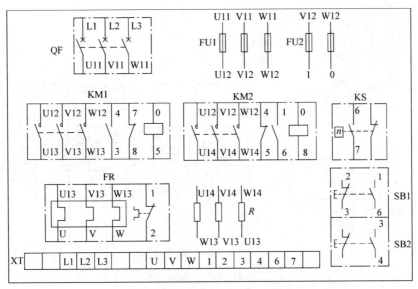

图 4-12　单向反接制动控制电路的电气安装接线图

使两轴中心线重合。

（2）电路断电检查　按电气原理图或电气安装接线图从电源端开始，逐段核对接线及接线端子处是否正确，有无漏接、错接之处。检查导线接点是否符合要求，压接是否牢固。

对控制电路进行检查时（可断开主电路），可将万用表表笔分别搭在 FU2 的两个出线端上（V12 和 W12），此时读数应为∞。按下起动按钮 SB2 时，读数应为接触器 KM1 线圈的电阻值；压下接触器 KM1 的衔铁时，读数也应为接触器 KM1 线圈的电阻值。用导线短接速度继电器 KS 的常开触头，按下停止按钮 SB1 时，读数应为接触器 KM2 线圈的电阻值；压下接触器 KM2 的衔铁时，读数也应为接触器 KM2 线圈的电阻值。

对主电路进行检查时，电源线 L1、L2、L3 先不要通电，闭合 QF，用手压下接触器 KM1 的衔铁来代替接触器得电吸合时的情况进行检查，依次测量从电源端到电动机出线端子上每一相电路的电阻值，检查是否存在开路现象。

（3）通电试车及故障排除　通电试车，操作相应按钮，观察各电器的动作情况。

把 L1、L2、L3 三端接上电源，闭合电源开关 QF，引入三相电源，按下起动按钮 SB2，接触器 KM1 线圈通电，KM1 的主触头闭合，电动机接通电源直接起动运转。

按下停止按钮 SB1，接触器 KM1 线圈断电释放，因电动机已运转一段时间，KS 常开触头已闭合，故此时 KM2 的主触头闭合，电动机接通反相序的电源进入制动过程，电动机经制动迅速停止。

通电试车时，若制动不正常，则可检查速度继电器是否连接正确。若制动效果不好，则需调节速度继电器的调整螺钉，调整时，必须切断电源，以避免引起事故。

操作过程中，如果出现不正常现象，应立即断开电源，分析故障原因，仔细检查电路（用万用表），在指导教师认可的情况下才能再次通电调试，同时应做到安全文明生产。

（三）可逆运行反接制动控制电路

三相异步电动机可逆运行反接制动控制电路如图 4-13 所示。其中，KM1、KM2 为电动机正、反转接触器；KM3 为短接制动电阻接触器；KA1、KA2、KA3 和 KA4 为中间继电器；

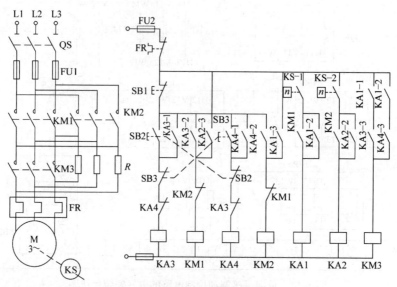

图 4-13　可逆运行反接制动控制电路

KS 为速度继电器，其中 KS-1 为正转闭合触头，KS-2 为反转闭合触头；电阻 R 在电动机起动时用于定子串电阻减压起动，停车时又作为反接制动限流电阻。

1. 识读正向运行的反接制动过程

（1）主电路的工作过程　闭合电源开关 QS，当 KM1 主触头闭合时，电动机定子绕组经电阻 R 接通正相序三相交流电源减压起动；当 KM3 主触头闭合时，电阻 R 被短接，电动机正向全压运行。

（2）控制电路的工作过程

1）正向起动过程：

按下 SB2 → KA3⁺ →
- KA3-1 自锁触头闭合；
- KA3 常闭触头断开（使 KA4⁻）；
- KA3-2 常开触头闭合 → KM1⁺ ─────────
- KA3-3 常开触头闭合①。

─→
- KM1 互锁触头断开（使 KM2⁻）；
- KM1 主触头闭合 → 电动机串电阻 R 减压正向起动 → 待 $n > 120$r/min 时 → KS-1 闭合 ─────
- KM1 常开触头闭合。

─→ KA1⁺
- KA1-2 自锁触头闭合；
- KA1-1 常开触头闭合② ① + ② → KM3⁺ → KM3 主触头闭合 ─────
- KA1-3 常开触头闭合。

─→ 电动机切除电阻 R 全压正向运行。

2）反接制动过程：

$$\text{按下 SB1} \rightarrow \text{KA3}^- \rightarrow \begin{cases} \text{KA3-1 自锁触头断开；} \\ \text{KA3 互锁触头闭合；} \\ \text{KA3-3 常开触头断开} \rightarrow \text{KM3}^- \rightarrow \text{KM3 主触头断开，电动机串入电阻 } R\text{；} \\ \text{KA3-2 常开触头断开} \rightarrow \text{KM1}^- \end{cases}$$

$$\rightarrow \begin{cases} \text{KM1 主触头断开} \rightarrow \text{电动机由于惯性继续运行；} \\ \text{KM1 互锁触头闭合} \rightarrow \text{KM2}^+ \rightarrow \text{KM2 主触头闭合} \rightarrow \text{电动机串入 } R \text{ 反接制动} \\ \text{KM1 常开触头断开} \end{cases}$$

$$\rightarrow \text{当 } n < 100\text{r/min 时} \rightarrow \text{KS-1 常开触头复位} \rightarrow \text{KA1}^-$$

$$\rightarrow \begin{cases} \text{KA1-1 常开触头断开；} \\ \text{KA1-2 自锁触头断开；} \\ \text{KA1-3 常开触头断开} \rightarrow \text{KM2}^- \rightarrow \text{KM2 主触头断开（反接制动结束）。} \end{cases}$$

2. 识读反向运行的反接制动过程

主电路的工作过程：闭合电源开关 QS，当 KM2 主触头闭合时，电动机定子绕组经电阻 R 接通反相序的三相交流电源减压起动；当 KM3 主触头闭合时，短接电阻 R，电动机反向全压运行。

控制电路的工作过程由读者自行写出。

电动机反向起动和反接制动控制电路的工作情况与上述相似，不同的是速度继电器的反向触头 KS -2 起作用，中间继电器 KA2、KA4 替代了 KA1、KA3，其余情况相同，在此不再赘述。电动机转速从零上升到速度继电器 KS 常开触头闭合这一过程是定子串电阻减压起动的过程。

四、技能考核——三相异步电动机单向反接制动控制电路的安装接线

（一）考核任务

1）在规定时间内按工艺要求完成三相异步电动机单向反接制动控制电路的安装接线，且通电试验成功。

2）安装工艺应达到基本要求，线头长短应适当且接触良好。

3）遵守安全规程，做到文明生产。

（二）考核要求及评分标准

考核要求及评分标准见表 4-5。

1. 安装接线（20 分）

表 4-5 安装接线考核要求及评分标准

项目内容	要 求	评分标准	扣 分
连接线端	对于螺栓式接点，在导线连接时，应打羊眼圈，并按顺时针旋转。对于瓦片式接点，在导线连接时，直线插入接点固定即可	每处错误扣 2 分	
	严禁损伤线芯和导线绝缘层，接点上不能露铜丝太长	每处错误扣 2 分	
	每个接线端子上连接的导线根数一般以不超过两根为宜，并保证接线牢固	每处错误扣 1 分	

（续）

项目内容	要　　求	评分标准	扣　　分
线路工艺	走线合理，做到横平竖直，布线整齐，各接点不能松动	每处错误扣1分	
	导线出线应留有一定的余量，并做到长度一致	每处错误扣1分	
	导线变换走向要弯成直角，并做到高低一致或前后一致	每处错误扣1分	
	避免交叉线、架空线、绕线和叠线	每处错误扣2分	
	导线折弯应折成直角	每处错误扣1分	
整体布局	板面线路应合理汇集成线束	每处错误扣1分	
	进出线应合理汇集在端子排上	每处错误扣1分	
	整体走线应合理美观	酌情扣分	

2. 不通电测试(20分)

（1）主电路的测试　电源线 L1、L2、L3 先不要通电，闭合电源开关 QF，压下接触器 KM1 的衔铁，使 KM1 主触头闭合，使用万用表的欧姆档测量从电源端到电动机出线端子上的每一相电路的电阻，将电阻值填入表 4-6 中。(共5分，错一处扣2分，扣完为止)

（2）控制电路的测试　按下 SB2，测量控制电路两端的电阻，将电阻值填入表 4-6 中。

压下接触器 KM1 的衔铁，测量控制电路两端的电阻，将电阻值填入表 4-6 中。

用导线短接速度继电器 KS 的常开触头后，按下按钮 SB1，测量控制电路两端的电阻，将电阻值填入表 4-6 中；压下接触器 KM2 的衔铁，测量控制电路两端的电阻，将电阻值填入表 4-6 中。(共15分，错一处扣5分，扣完为止)

表 4-6　单向反接制动控制电路的不通电测试记录

操作步骤	主电路			控制电路两端(V12 – W12)			
	闭合 QF，压下 KM1 的衔铁			按下 SB2	压下 KM1 的衔铁	按下 SB1	压下 KM2 的衔铁
	L1 – U	L2 – V	L3 – W				
电阻值/Ω							

3. 通电测试(60分)

在使用万用表检测后，接入电源通电试车。考核表见表 4-7。

表 4-7　单向反接制动控制电路的通电测试考核表

测试情况	配　　分	得　　分	故障原因
一次通电成功	60分		
二次通电成功	40～50分		
三次及以上通电成功	30分		
不成功	10分		

五、拓展知识——三相异步电动机电磁抱闸控制电路

（一）电磁抱闸

电磁抱闸是一种应用广泛的机械制动装置，它具有较大的制动力，能准确及时地使被制动的对象停止运动。在起重机械的提升机构中，如果没有制动器，则所吊起的重物就会因自重而自动高速下降，从而造成设备和人身事故。电磁抱闸的结构如图 4-14 所示。

电磁抱闸主要包括制动电磁铁和闸瓦制动器两部分。制动电磁铁由铁心、衔铁和线圈三部分组成，有单相和三相之分。闸瓦制动器由闸轮、闸瓦、杠杆与弹簧等部分组成，闸轮与电动机装在同一根转轴上，制动强度可通过调整机械结构来改变。电磁抱闸可分为断电制动型和通电制动型两种。如果弹簧选用拉簧，则闸瓦平时处于"松开"状态，称为

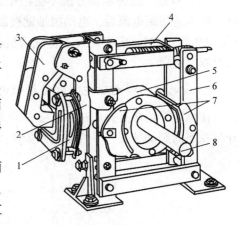

图 4-14　电磁抱闸的结构
1—线圈　2—铁心　3—衔铁　4—弹簧
5—闸轮　6—杠杆　7—闸瓦　8—轴

通电型电磁抱闸；如果弹簧选用压簧，则闸瓦平时处于"抱住"状态，称为断电型电磁抱闸。

断电制动型电磁抱闸的性能是：当线圈得电时，闸瓦与闸轮分开，无制动作用；当线圈断电时，闸瓦将紧抱闸轮实现制动。

通电制动型电磁抱闸的性能是：当线圈得电时，闸瓦紧紧抱住闸轮实现制动；当线圈断电时，闸瓦与闸轮分开，无制动作用。

初始状态不同，相应的控制电路也就不同。但无论是通电型电磁抱闸还是断电型电磁抱闸，有一个原则是相同的，即电动机在运转时，闸瓦应与闸轮分开；电动机停转时，闸瓦应抱住闸轮。

常用的电磁抱闸有单相交流短行程制动电磁铁制动器 MJDI 型，三相交流长行程制动电磁铁制动器 MJSI 型。

（二）电磁抱闸制动控制电路

1. 断电制动型电磁抱闸制动控制电路

在电梯、起重机及卷扬机等升降机械上，采用的制动闸是在断电时处于"抱住"状态的制动装置。其控制电路如图 4-15 所示。

（1）起动过程　起动过程与具有自锁的电动机单向起动控制电路相同。按下 SB2→KM 线圈得电自锁→电动机起动运行；同时 YA 线圈得电→制动闸松闸。

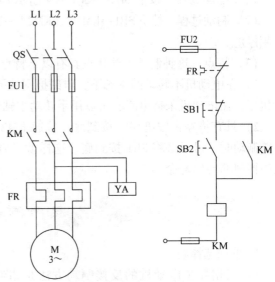

图 4-15　断电制动型电磁抱闸制动控制电路

（2）制动过程　按下SB1→KM、YA线圈断电释放→制动闸抱闸，实现制动。

（3）特点　这种制动方法不会因中途断电或电气故障的影响而造成事故，比较安全可靠；缺点是切断电源后，电动机轴就被制动刹住而不能继续转动，不便调整。有些生产机械（如机床等）有时还需要用人工将电动机的转轴转动，这时就应采用通电制动型电磁抱闸制动控制电路。

2. 通电制动型电磁抱闸制动控制电路

在机床等经常需要调整加工工件位置的机械设备中，采用的制动闸是在平时处于"松开"状态的制动装置。其控制电路如图4-16所示。

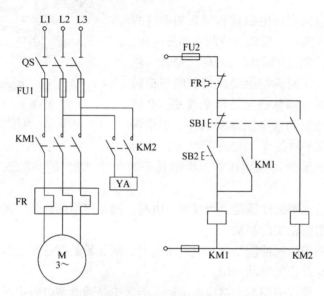

图4-16　通电制动型电磁抱闸制动控制电路

（1）起动过程　按下SB2→KM1$^+$→电动机起动运行。

（2）制动过程　按下SB1→KM1$^-$、KM2$^+$→YA$^+$→抱闸制动；松开SB1→KM2$^-$→YA$^-$→松闸停止。

（3）特点　这种制动方法优点具有以下特点。

1）在电动机不转动的常态下，电磁抱闸线圈无电流，抱闸与闸轮处于松开状态。如用于机床，在电动机未通电时，可以用手转动主轴以便调整和对刀。

2）只有将停止按钮SB1按到底，接通KM2线圈电路时才有制动作用，如只要停车而不需制动时，可不必将SB1按到底。这样就可以根据实际需要，掌握制动与否，从而延长电磁抱闸的使用寿命。

思考与练习

1. 单项选择题

1）三相异步电动机的反接制动方法是指制动时向三相异步电动机定子绕组中通入
（　　）。

A. 单相交流电   B. 三相交流电   C. 直流电   D. 反相序三相交流电

2）三相异步电动机采用反接制动，切断电源后，应将电动机( )。

A. 转子回路串电阻   B. 定子绕组两相绕组反接

C. 转子绕组进行反接   D. 定子绕组送入直流电

3）反接制动时，旋转磁场反向，与电动机转动方向( )。

A. 相反   B. 相同   C. 不变   D. 不确定

4）速度继电器一般用于( )。

A. 三相异步电动机的正反转控制   B. 三相异步电动机的多地控制

C. 三相异步电动机的反接制动控制   D. 三相异步电动机的能耗制动控制

5）起重机中所用的电磁制动器，其工作情况为( )。

A. 通电时电磁抱闸将电动机抱住   B. 断电时电磁抱闸将电动机抱住

C. 上述两种情况都不是   D. A、B 两种情况都可以

2. 判断题

1）速度继电器的触头状态决定于其线圈是否得电。   ( )

2）电动机采用制动措施是为了停车平稳。   ( )

3）在反接制动控制电路中，必须采用以时间为变化参量进行控制。   ( )

4）反接制动时由于制动电流较大，对电动机产生的冲击比较大，因此应在定子回路中串入限流电阻，而且仅适用于小功率异步电动机的制动。   ( )

5）电磁抱闸是起重机常用的制动方法。   ( )

3. 在图 4-8 所示的三相异步电动机单向反接制动控制电路中，若速度继电器触头接错，常开触头错接成常闭触头将发生什么现象？为什么？

4. 如何采用时间原则实现电动机单向反接制动控制电路？画出其电气原理图。

5. 简述三相异步电动机反接制动的定义、特点和适用场合。

6. 三相笼型异步电动机反接制动控制电路如图 4-17 所示。

1）若要实现反接制动，请将图中主电路的连线补充完整；标注控制电路中的互锁触头

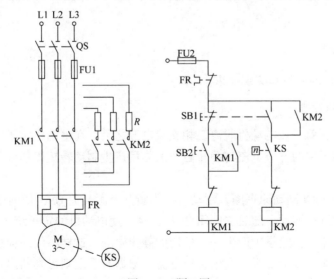

图 4-17 题 6 图

KM1、KM2。

2）图中 FR 起_____作用，FU2 起_____作用。

3）写出电路的工作过程。

任务三　三相异步电动机能耗制动控制电路

一、任务描述

当电动机断开三相交流电源后，因惯性不能迅速停止，此时如果立即在电动机定子绕组中接入直流电源，将会使其产生与电动机的转动方向相反的转矩，从而使电动机受到制动而迅速停转。图 4-18 为三相异步电动机的能耗制动控制电路。

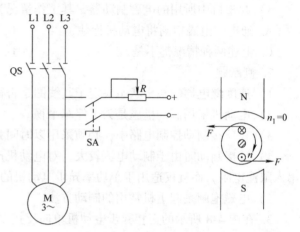

本任务要求识读三相异步电动机能耗制动控制电路，并掌握其工作原理，根据单相半波整流能耗制动控制电路的电气原理图绘制其电气安装接线图，并能完成电路的安装接线及通电调试。

二、任务目标

1）会分析三相异步电动机能耗制动控制电路的工作原理。

图 4-18　能耗制动原理示意图

2）根据单相半波整流能耗制动控制电路的电气原理图绘制其电气安装接线图，按电气接线工艺要求完成电路的安装接线。

3）能够对安装好的电路进行检测和通电试验，会用万用表检测电路和排除常见的电气故障。

三、任务实施

（一）能耗制动的原理和实现要求

1. 能耗制动的原理

所谓能耗制动，就是在电动机脱离三相交流电源之后，在电动机定子绕组上立即加一个直流电压，利用转子中的感应电流与静止磁场的作用产生制动转矩以达到使电动机停转制动方法。

图 4-18 所示为能耗制动原理图。制动时，先断开电源开关 QS，切断电动机的三相交流电源，转子因惯性继续转动。随后立即闭合开关 SA，使电动机的定子绕组接入一直流电源，绕组中流过直流电流，在定子中产生一个恒定的静止磁场，这样将使因惯性转动的转子切割静止磁场的磁力线而在转子绕组中产生感应电流。根据右手定则可判断出：感应电流在接近 N 极的地方是垂直纸面向里的，标为 ⊗；在接近 S 极的地方是垂直纸面向外的，标为 ⊙。这

样的电流一旦产生，就立即受到静止磁场的作用而产生电磁转矩。根据左手定则可判断出：
电磁转矩的方向正好与电动机的旋转方向相反，因此是一个制动转矩，能使电动机迅速停止
转动。由于这一制动方法实质上是将转子上的机械能转变成电能，最后这些电能消耗在对转
子的制动上，因此称为能耗制动。

2. 能耗制动所需的直流电压

对于三相异步电动机来说，增大制动转矩只能靠增大通入电动机的直流电流来实现，而
通入电动机的直流电流如果太大，将会烧坏定子绕组。能耗制动所需的直流电压和直流电流
通常可按下面的经验公式进行计算，即

$$I_{DC} = (3 \sim 5) I_0 \tag{4-2}$$

或

$$I_{DC} = 1.5 I_N \tag{4-3}$$

$$U_{DC} = I_{DC} R \tag{4-4}$$

式中，I_{DC} 为能耗制动时所需的直流电流（A）；I_N 为电动机的额定电流（A）；I_0 为电动机空
载时的线电流（A），一般取 $I_0 = (0.3 \sim 0.4) I_N$。U_{DC} 为能耗制动时所需的直流电压（V）。R
为电动机绕组的冷态电阻（Ω）。

3. 直流电压的切除方法

当电动机转速降至零时，其转子导体与磁场之间无相对运动，转子内的感应电流消
失，制动转矩变为零，因而电动机停转。制动结束后需要将直流电源切除。根据直流电
压被切除的方法，有采用时间继电器控制的能耗制动及采用速度继电器控制的能耗制动
这两种形式。

时间原则控制的能耗制动一般适用于负载转矩和负载转速较为稳定的电动机，这样可使
时间继电器的调整值比较固定；而速度原则控制的能耗制动则适用于那些能通过传动系统来
实现负载速度变换的生产机械。

能耗制动的特点是制动平稳，但需附加直流电源装置，故设备费用较高，制动力矩较
小，特别是到低速阶段时，制动力矩会更小。能耗制动一般只适用于制动要求平稳准确的场
合，如磨床、立式铣床等设备的控制电路中。

（二）单相全波整流能耗制动控制电路

1. 识读电路图

单相全波整流能耗制动控制电路如图 4-19 所示。主电路由两部分构成：其中电源开关
QS、熔断器 FU1、接触器 KM1 的三对主触头、热继电器 FR 的热元件和电动机组成单向直
接起动电路；而接触器 KM2 的三对主触头、变压器 TC、单相整流桥 VC 和限流电阻 R 组成
能耗制动电路，接触器 KM2 的两对主触头引入直流电源，单相整流桥提供直流电压，控制
变压器的二次侧交流电压经整流桥，变成适当的直流电压供能耗制动使用。

因此，电路中采用 KM1 和 KM2 两只接触器，当 KM1 主触头接通时，电动机接通三相
交流电源起动运行；当 KM2 主触头接通时，电动机接通直流电源实现能耗制动。

在控制电路中，利用 KM1 和 KM2 的常闭触头互串在对方线圈回路中，起到电气互锁的
作用，以避免两个接触器同时得电造成主电路电源短路。时间继电器 KT 用于控制 KM2 线
圈得电的时间，从而控制电动机通入直流电源进行能耗制动的时间。

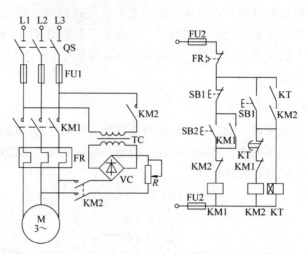

图4-19　单相全波整流能耗制动控制电路

2. 识读电路的工作过程

1）主电路的工作过程：闭合 QS，当 KM1 主触头闭合时，电动机直接起动运行；当 KM2 主触头闭合时，对电动机进行能耗制动。

2）控制电路的工作过程。

① 单向起动过程：

按下 SB2 → KM1$^+$ → {
　KM1 常开辅助触头闭合，实现自锁；
　KM1 主触头闭合→电动机起动运行；
　KM1 常闭辅助触头断开，对 KM2 实现互锁。
}

② 能耗制动过程：

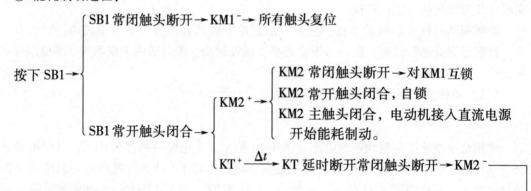

按下 SB1 → {
　SB1 常闭触头断开 → KM1$^-$ → 所有触头复位

　SB1 常开触头闭合 → {
　　KM2$^+$ → {
　　　KM2 常闭触头断开→对 KM1 互锁
　　　KM2 常开触头闭合，自锁
　　　KM2 主触头闭合，电动机接入直流电源开始能耗制动。
　　}
　　KT$^+$ $\xrightarrow{\Delta t}$ KT 延时断开常闭触头断开→KM2$^-$ ——
　}
}

{
　KM2 常闭触头断开 → KT$^-$；
　KM2 主触头断开 → 直流电源被切除，能耗制动结束。
}

图 4-19 中，KT 的瞬动常开触头与 KM2 自锁触头串接的作用是：当 KT 线圈发生断线或机械卡住故障致使 KT 延时断开常闭触头断不开，常开瞬动触头也合不上时，只要按下停止按钮 SB1，就能成为点动能耗制动。若未将 KT 常开瞬动触头与 KM2 常开触头串联，在发生上述故障时，按下停止按钮 SB1 后，将会使 KM2 线圈长期通电吸合，从而使电动机两相定

子绕组长期接入直流电源。

可见，在 KT 发生故障后，该电路还具有手动控制能耗制动的能力，即只要使停止按钮处于按下的状态，电动机就能实现能耗制动。

（三）单相半波整流能耗制动控制电路

对于 10kW 以下的电动机，在制动要求不高时，可采用无变压器的单相半波整流能耗制动控制电路，如图 4-20 所示。

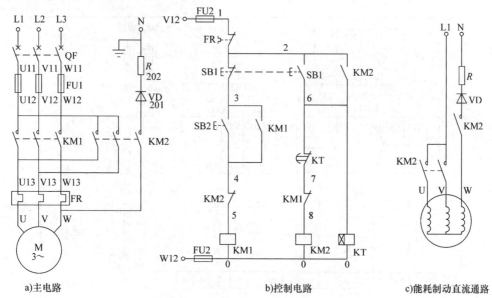

a) 主电路　　　　　　　　b) 控制电路　　　　　　　c) 能耗制动直流通路

图 4-20　半波整流能耗制动控制电路

1. 识读电路图

主电路由两部分构成：其中电源开关 QF、熔断器 FU1、接触器 KM1 的三对主触头、热继电器 FR 的热元件和电动机组成单向直接起动电路；而接触器 KM2 的三对主触头、二极管 VD 和限流电阻 R 组成能耗制动电路，该电路的整流电源电压为 220V，由 KM2 主触头接至电动机定子绕组，经整流二极管 VD 接至电源中性线 N 构成闭合电路。

与图 4-19 相同，电路中采用 KM1 和 KM2 两只接触器，当 KM1 主触头接通时，电动机接通三相交流电源起动运行；当 KM2 主触头接通时，电动机接通直流电源实现能耗制动。

在控制电路中，利用 KM1 和 KM2 的常闭触头互串在对方线圈回路中，起到电气互锁的作用，以避免两个接触器同时得电造成主电路电源短路。时间继电器 KT 控制 KM2 线圈得电的时间，从而控制电动机通入直流电源进行能耗制动的时间。

2. 识读电路的工作过程

电路的工作过程与图 4-19 所示电路相同，不再重复，请读者自行分析。

3. 电路的安装接线

根据图 4-20 绘制出半波整流能耗制动控制电路的电气安装接线图如图 4-21 所示。

注意：所有接线端子标注的编号应与电气原理图一致，不能有误。按工艺要求完成单相半波整流能耗制动控制电路的安装接线与调试。安装接线时应注意以下几点。

1）按钮内接线时，用力不可过猛，以防螺钉打滑。

2）按钮内部的接线不要接错，起动按钮必须接常开触头（可用万用表的欧姆档判别）。

3）时间继电器的整定时间不要调得太长，以免制动时间过长引起定子绕组发热。

4）在进行制动时，停止按钮 SB1 要按到底。

5）整流二极管要配装散热器和固定散热器的支架。

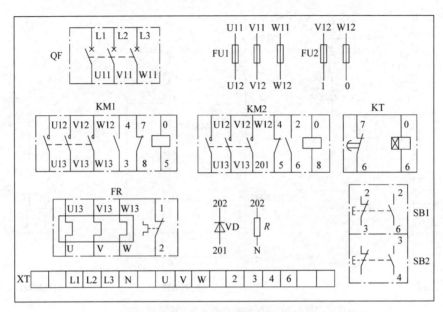

图 4-21　单相半波整流能耗制动控制电路的电气安装接线图

4. 电路的断电检查

1）按电气原理图或电气安装接线图从电源端开始，逐段核对接线及接线端子处是否正确，有无漏接、错接之处。检查导线接点是否符合要求，压接是否牢固。

2）用万用表检查电路的通断情况。检查时，应选用倍率适当的欧姆档，并进行校零，以防短路故障的发生。

对控制电路进行检查时（可断开主电路），可将万用表两表笔分别搭在 FU2 的两个出线端上（V12 和 W12），此时读数应为"∞"。按下起动按钮 SB2 时，读数应为接触器 KM1 线圈的电阻值；用手压下 KM1 的衔铁，使 KM1 的常开触头闭合，读数也应为接触器 KM1 线圈的电阻值。

按下停止按钮 SB1，读数应为接触器 KM2 和时间继电器 KT 两个线圈电阻的并联值；用手压下 KM2 的衔铁，使 KM2 的常开触头闭合，读数也应为 KM2 和 KT 线圈电阻的并联值。

对主电路进行检查时，电源线 L1、L2、L3 先不要通电，闭合 QF，用手压下接触器 KM1 的衔铁来代替接触器得电吸合时的情况进行检查，依次测量从电源端到电动机出线端子上每一相电路的电阻值，检查是否存在开路现象。

5. 通电试车及故障排除

通电试车，操作相应按钮，观察各电器的动作情况。

起动时，把 L1、L2、L3 三端接上电源，闭合电源开关 QF，引入三相电源，按下按钮 SB2，KM1 线圈得电吸合，电动机起动运转。停止时，按下停止按钮 SB1，接触器 KM1 线圈断电释放，其主触头断开通入电动机定子绕组的三相交流电源，此时接触器 KM2 线圈和 KT 线圈同时得电，利用 KM2 主触头的闭合把直流电源通入电动机定子绕组中，对电动机进行能耗制动，延时一段时间后，时间继电器 KT 整定时间到，其延时断开常闭触头断开，使 KM2 和 KT 线圈断电，制动过程结束。

操作过程中，如果出现不正常现象，应立即断开电源，分析故障原因，用万用表仔细检查电路，在指导教师认可的情况下才能再次通电调试，同时做到安全文明生产。

四、技能考核——单相半波整流能耗制动控制电路的安装接线

（一）考核任务

1）在规定时间内按工艺要求完成半波整流能耗制动控制电路的安装接线，且通电试验成功。

2）安装工艺应达到基本要求，线头长短应适当且接触良好。

3）遵守安全规程，做到文明生产。

（二）考核要求及评分标准

考核要求及评分标准见表4-8。

1. 安装接线（20分）

表4-8 安装接线考核要求及评分标准

项目内容	要 求	评分标准	扣 分
连接线端	对于螺栓式接点，在导线连接时，应打羊眼圈，并按顺时针旋转。对于瓦片式接点，在导线连接时，直线插入接点固定即可	每处错误扣2分	
	严禁损伤线芯和导线绝缘层，接点上不能露铜丝太长	每处错误扣2分	
	每个接线端子上连接的导线根数一般以不超过两根为宜，并保证接线牢固	每处错误扣1分	
线路工艺	走线合理，做到横平竖直，布线整齐，各接点不能松动	每处错误扣1分	
	导线出线应留有一定的余量，并做到长度一致	每处错误扣1分	
	导线变换走向要弯成直角，并做到高低一致或前后一致	每处错误扣1分	
	避免交叉线、架空线、绕线和叠线	每处错误扣2分	
	导线折弯应折成直角	每处错误扣1分	
整体布局	板面线路应合理汇集成线束	每处错误扣1分	
	进出线应合理汇集在端子排上	每处错误扣1分	
	整体走线应合理美观	酌情扣分	

2. 不通电测试(20分)

(1) 主电路的测试　电源线 L1、L2、L3 先不要通电，闭合电源开关 QF，压下接触器 KM1 的衔铁，使 KM1 的主触头闭合，测量从电源端(L1、L2、L3)到出线端子(U、V、W)上每一相电路的电阻，将电阻值填入表4-9 中。(共5分，错一处扣2分，扣完为止)

(2) 控制电路的测试 (共15分，错一处扣5分，扣完为止)

1) 按下按钮 SB2，测量控制电路两端的电阻，将电阻值填入表4-9 中。

2) 用手压下接触器 KM1 的衔铁，测量控制电路两端的电阻，将电阻值填入表4-9 中。

3) 按下按钮 SB1，测量控制电路两端的电阻，将电阻值填入表4-9 中。

4) 用手压下接触器 KM2 的衔铁，测量控制电路两端的电阻，将电阻值填入表4-9 中。

表4-9　半波整流能耗制动控制电路的不通电测试记录

操作步骤	主电路			控制电路两端(V12－W12)			
	闭合 QF，压下 KM1 的衔铁			按下 SB2	压下 KM1 的衔铁	按下 SB1	压下 KM2 的衔铁
电阻值/Ω	L1－U	L2－V	L3－W				

3. 通电测试(60分)

在使用万用表检测后，把 L1、L2、L3 三端接上电源，闭合 QF，接入电源通电试车。考核表见表4-10。

表4-10　半波整流能耗制动控制电路通电测试考核表

测试情况	配分	得分	故障原因
一次通电成功	60分		
二次通电成功	40~50分		
三次及以上通电成功	30分		
不成功	10分		

五、拓展知识——速度原则控制的能耗制动控制电路

在能耗制动结束时，要及时切除直流电源。而切除直流电源的方法一般有两种，一种是利用时间继电器实现的时间控制原则，如图4-19 和图4-20 所示的电路；另一种是利用速度继电器实现的速度控制原则，图4-22 所示的电路就是按速度原则控制的单向能耗制动控制电路图。

1. 主电路的工作过程

闭合 QS，当 KM1 主触头闭合时，电动机直接起动运行；当 KM2 主触头闭合时，对电动机进行能耗制动。

2. 控制电路的工作过程

(1) 单向起动过程

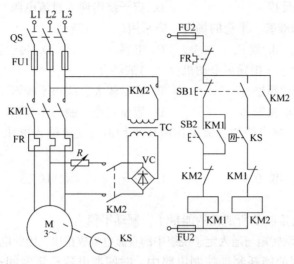

图 4-22　速度原则控制的能耗制动控制电路图

$$按下 SB2 \rightarrow KM1^{+} \rightarrow \begin{cases} KM1\ 常开辅助触头闭合，实现自锁； \\ KM1\ 常闭辅助触头断开，对 KM2 实现互锁； \\ KM1\ 主触头闭合，电动机直接起动运行 \end{cases}$$

$\rightarrow n\uparrow$，当 $n > 120r/min$ 时，KS 常开触头闭合，为能耗制动作准备。

（2）能耗制动过程

$$按下 SB1 \begin{cases} SB1\ 常闭触头断开 \rightarrow KM1^{-} \begin{cases} KM1\ 自锁触头断开； \\ KM1\ 主触头断开，电动机由于惯性 \\ \quad 继续旋转，KS 触头仍闭合 \\ KM1\ 互锁触头复位 \end{cases} \\ SB1\ 常开触头闭合 \end{cases}$$

$$\rightarrow KM2^{+} \rightarrow \begin{cases} KM2\ 常闭辅助触头断开，对 KM1 实现互锁； \\ KM2\ 常开辅助触头闭合，实现自锁； \\ KM2\ 主触头闭合，电动机接入直流电源，进行能耗制动 \rightarrow n\downarrow\downarrow \end{cases}$$

$\rightarrow$当 $n < 100r/min$ 时，KS 常开触头复位 $\rightarrow KM2^{-}$，切断直流电源，能耗制动结束。

思考与练习

1. 单项选择题

1）三相异步电动机的能耗制动方法是指制动时向三相异步电动机定子绕组中通入（　　　）。

A. 单相交流电源　　B. 三相交流电源　　C. 直流电源　　　　D. 反相序三相交流电源

2）三相异步电动机采用能耗制动，切断电源后，应将电动机（　　　）。

A. 转子回路串电阻　　　　　　　　　B. 定子绕组两相绕组反接

C. 转子绕组进行反接　　　　　　D. 定子绕组通入直流电源

3）对于要求制动准确、平稳的场合，应采用(　　)制动。

A. 反接　　　　B. 能耗　　　　C. 电容　　　　D. 再生发电

4）能耗制动适用于三相异步电动机(　　)的场合。

A. 容量较大、制动频繁　　　　　　B. 容量较大、制动不频繁

C. 容量较小、制动频繁　　　　　　D. 容量较小、制动不频繁

5）在图4-19中，整流桥的直流输出电压平均值与交流输入电压有效值之间的关系是(　　)倍。

A. 0.45　　　　B. 0.9　　　　C. $\sqrt{2}$　　　　D. $\sqrt{3}$

2. 判断题

1）能耗制动比反接制动所消耗的能量小，制动平稳。　　　　　　　　　(　　)

2）能耗制动的制动转矩与通入定子绕组中的直流电流成正比，因此电流越大越好。(　　)

3）时间原则控制的能耗制动控制电路中，时间继电器整定时间过长会引起定子绕组过热。　　　　　　　　　　　　　　　　　　　　　　　　　　　　　　(　　)

4）速度原则控制的能耗制动控制电路中，速度继电器常开触头的作用是避免电动机反转。　　　　　　　　　　　　　　　　　　　　　　　　　　　　　　　(　　)

5）至少有两相定子绕组通入直流电源，才能实现能耗制动。　　　　　　(　　)

3. 简述三相异步电动机能耗制动的定义、特点及适用场合。

4. 直流电源能否长时间加在交流电动机的定子绕组中？一般采用哪些方法及时断开直流电源？

5. 识读图4-23所示电路的工作过程。

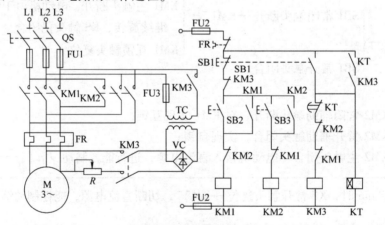

图4-23　题5图

项目五　直流电动机的电气控制

直流电动机和交流电动机相比，具有调速范围广、调速平滑方便、过载能力大及能承受频繁冲击负载的优点，可实现频繁的无级快速起动、制动和反转，能满足生产过程中自动化系统各种不同的特殊运行要求。本项目主要介绍直流电动机的起动、正反转、调速和制动控制的方法和特点及控制电路的工作原理。

 **项目教学目标**

1）了解直流电动机的励磁方式、起动特点和起动方法。
2）了解直流电动机正反转、电气制动和调速的常用方法。
3）会分析直流电动机起动、正反转、电气制动和调速控制电路的工作原理。

任务一　直流电动机的起动与正反转控制

一、任务描述

直流电动机的起动特点之一是起动电流冲击大，可达额定电流的 10～20 倍。这样大的电流有可能会导致电动机换向器和电枢绕组的损坏，同时对电源也是沉重的负担。大电流产生的转矩和加速度对电动机的机械部件也将产生强烈的冲击。因此，在选择起动方案时必须充分考虑各方面因素，一般不允许直接起动，而是采取在电枢回路中串入电阻起动等方法。

本任务要求识读直流电动机的起动控制、正反转控制电路，并掌握它们的工作原理。

二、任务目标

1）认识直流电动机的结构，并掌握其工作原理，会判断直流电动机的类型及选择正确的连接方式。
2）掌握直流电动机电枢回路串电阻起动控制电路的工作原理。
3）掌握直流电动机正反转控制电路的工作原理。

三、任务实施

（一）认识直流电动机

1. 结构

直流电机是电能和机械能相互转换的设备。将机械能转换为直流电能的是直流发电机，而将直流电能转换为机械能的是直流电动机。如图 5-1 所示，从外形上看，直流电机的结构形式多种多样，然而，直流电机的基本结构是由静止和转动的两大部分及静止和转动两部分之间一定大小的间隙构成。

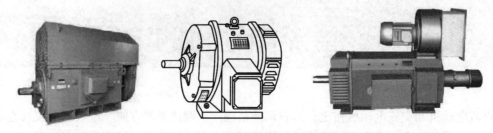

图 5-1　几种直流电机的外形

在直流电动机中，静止的部分称为定子，其作用是产生磁场和作为电动机的机械支撑。定子部分包括机座、主磁极、换向极、端盖、轴承及电刷装置等；转动的部分称为转子或电枢，其作用是产生感应电动势，实现能量转换。转子部分包括电枢铁心、电枢绕组、换向器、转轴和风扇等。定子与转子之间的间隙称为气隙，其作用是耦合磁场。图 5-2 所示为常见直流电动机的结构。图 5-3 所示为直流电动机的结构分解图。

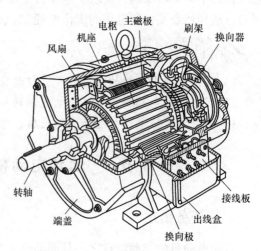

图 5-2　常见直流电动机的结构

（1）定子部分

1）机座。机座有圆形和方形两种，一般用厚钢板弯成筒形以后焊接而成，或者用铸钢件（小型机座用铸铁件）制成。机座的两端装有端盖。机座有两个作用：一是导磁作用，是主磁路的一部分，作为磁通的通路，称为磁轭；二是机械支撑作用，是电动机的结构框架。

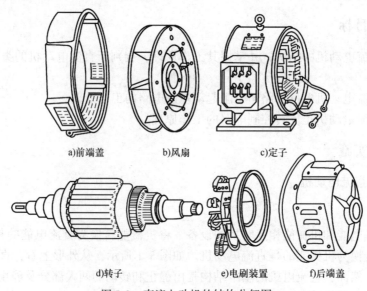

a)前端盖　　　b)风扇　　　c)定子

d)转子　　　e)电刷装置　　　f)后端盖

图 5-3　直流电动机的结构分解图

2）主磁极。主磁极的作用是建立主磁场，由主磁极铁心和主磁极绕组组成。主磁极铁心采用1~1.5mm厚的低碳钢板冲压成一定形状叠装固定而成。主磁极上装有励磁绕组，整个主磁极用螺杆固定在机座上。主磁极的个数一定是偶数，励磁绕组的连接必须使得相邻主磁极的极性按N、S极交替出现。

3）换向极。换向极又称附加极、间极，是安装在两相邻主磁极之间的一个小磁极，其作用是产生附加磁场，改善电动机的换向条件。

换向极是由换向极铁心和套在铁心上的换向极绕组构成的，并通过螺杆固定在机座上。换向极铁心通常由厚钢板叠压而成。换向极的个数一般与主磁极的极数相等。

换向极绕组在使用中是和电枢绕组相串联的，因为要通过较大的电流，所以和主磁极的串励绕组一样，其导线具有较大的截面积，匝数较少。只有1kW以上的电动机才有换向极。

4）电刷装置。电刷装置是电枢电路的引出（或引入）装置，它由刷架圈、电刷、刷握、刷杆、压指和刷架连线等部分组成。电刷是由石墨或金属石墨组成的导电块，放在刷握内由压指通过弹簧以一定的压力安放在换向器的表面，转子旋转时，电刷与换向器表面形成滑动接触。刷握用螺钉夹紧在刷杆上。电刷在刷盒内能上下自由移动，刷盒与换向器平行，电刷位于换向器工作面上，沿换向器圆周均匀分布。

（2）转子部分

1）电枢铁心。电枢铁心既是主磁路的组成部分，又是电枢绕组的支撑部分；电枢绕组嵌放在电枢铁心的槽内。为了减少涡流损耗，电枢铁心一般用厚0.5mm且冲有齿、槽的型号为DR530或DR510的硅钢片叠压而成。

2）电枢绕组。电枢绕组是由一定数目的电枢线圈按一定的规律连接组成的，是直流电动机的电路部分，也是进行机电能量转换（产生感应电动势及电磁转矩）的部分。线圈用绝缘的圆形或矩形截面的导线绕成，分上下两层嵌放在电枢铁心槽内，上下层以及线圈与电枢铁心之间都要妥善地绝缘，并用槽楔压紧。

3）换向器。换向器是由许多具有鸽尾形的换向片排成一个圆筒，其间用云母片绝缘，两端再用两个V形环夹紧而构成的。每个电枢线圈首端和尾端的引线，分别焊入相应换向片的升高片内。小型电动机常用塑料换向器，这种换向器由换向片排成圆筒，再通过热压制成。

（3）气隙　气隙是电动机磁路的重要组成部分。气隙路径虽短，但由于气隙磁阻远大于铁心磁阻，对电动机性能有很大的影响。小型电动机的气隙宽度一般为0.5~5mm，而大型电动机则可达5~10mm。

2. 直流电动机的工作原理

直流电动机是根据导体切割磁力线产生感应电动势和载流导体在磁场中受到电磁力的作用实现机械能和电能相互转换的设备，从原理上讲，它体现了电和磁的相互作用。

图5-4所示为直流电动机的工作原理示意图。其中，N、S是一对在空间固定不变的磁极，通常由主磁极绕组通入直流电流产生，也可由永久磁铁制成。电刷A、B接到直流电源上，电刷A接正极，电刷B接负极。电流从电源正极流出，经过电刷A、换向片1、电枢线圈abcd到换向片2和电刷B，最后回到电源负极。根据电磁力定律，载流导体在磁场中受到电磁力的作用，其方向由左手定则确定。在磁场的作用下，图5-4中N极下导体ab的受力方向（即F的方向）为从右向左，S极下导体cd受力的方向为从左向右，电磁力形成逆时

针方向的电磁转矩。当电磁转矩大于阻转矩时,电动机电枢就会沿逆时针方向旋转起来。

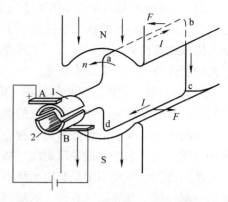

当电枢从图示位置转动90°时,使电枢旋转的电磁转矩消失,但由于机械惯性的作用,电枢仍能转动。当原 N 极下的导体 ab 转到 S 极下时,其受力方向为从左向右,原 S 极下导体 cd 转到 N 极下时,其受力方向为从右向左,该电磁力形成逆时针方向的电磁转矩。线圈在该电磁转矩的作用下继续沿逆时针方向旋转。

实际应用中的直流电动机的电枢是有多个线圈的。线圈沿圆周均匀嵌放在电枢铁心槽里,并按照

图 5-4 直流电动机的工作原理示意图

一定的规律连接起来,构成电动机的电枢绕组。直流电动机的主磁极也有多对,根据需要将 N、S 极交替安装在机座内壁。

直流电机既可作发电机运行,也可作电动机运行,这就是直流电机的可逆原理。

3. 直流电动机的分类

直流电动机按其励磁绕组与电枢绕组连接方式(励磁方式)的不同,分为他励直流电动机、并励直流电动机、串励直流电动机与复励直流电动机。

(1) 他励直流电动机 如图 5-5a 所示,他励直流电动机的励磁绕组与电枢绕组由两个独立的直流电源分别供电。

(2) 并励直流电动机 如图 5-5b 所示,并励直流电动机的励磁绕组与电枢绕组并联,由同一套独立的直流电源供电。

(3) 串励直流电动机 如图 5-5c 所示,串励直流电动机的励磁绕组与电枢绕组串联,由同一套独立的直流电源供电。

(4) 复励直流电动机 如图 5-5d 所示,在复励直流电动机中,一部分励磁绕组与电枢绕组并联,另一部分励磁绕组与电枢绕组串联,由同一套独立的直流电源供电。

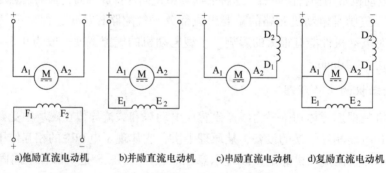

a)他励直流电动机   b)并励直流电动机   c)串励直流电动机   d)复励直流电动机

图 5-5 直流电动机的励磁方式

(二) 他励直流电动机的起动控制

1. 他励直流电动机的起动方法

生产机械对直流电动机的起动要求有:一是起动转矩足够大,因为只有起动转矩大于负

载转矩时，电动机才能顺利起动；二是起动电流不可太大；三是起动设备操作方便，起动时间短及运行可靠。直流电动机的起动方法有全压起动和减压起动两种。

（1）全压起动 全压起动是在电动机磁场磁通为额定磁通的情况下，在电动机电枢上直接加额定电压的起动方式。

由于电枢电阻很小，额定电压下直接起动的起动电流很大，为额定电流的 10～20 倍，起动转矩也很大。过大的起动电流会引起电网电压下降，影响同一电网中其他用电设备的正常工作；同时，直流电动机自身的换向器会产生剧烈的火花；而过大的起动转矩也可能会使其转轴受到不允许的机械冲击。所以全压起动只适用于容量很小的直流电动机。

（2）减压起动 减压起动是在起动前将电动机电枢两端的电源电压降低，以减小起动电流的起动方式。为了保证起动时间短的要求，起动电流通常被限制在一定的范围内。在减压起动过程中，电枢两端的电压必须逐渐升高，直到升至额定电压，电动机进入额定运行状态为止。根据起动过程中电枢两端电压逐渐升高的控制方式的不同，可将减压起动分为两种形式：采用晶闸管整流装置自动控制起动电压的减压起动和电枢回路串电阻的减压起动。

利用晶闸管整流装置实现电枢电压的自动控制是通过调节晶闸管的导通角来改变直流电压的大小，从而实现减压起动，但应用这种方法需要有晶闸管整流装置。实际应用中，通常采用电枢回路串电阻的减压起动方法。

2. 他励直流电动机的起动控制电路

图 5-6 所示为他励直流电动机电枢回路串两级电阻、按时间原则起动的控制电路。其中，KM1 为电路接触器，KM2、KM3 为短接起动电阻的接触器，KOC 为过电流继电器，KUC 为欠电流继电器，KT1、KT2 为断电延时型时间继电器，R_3 为放电电阻。

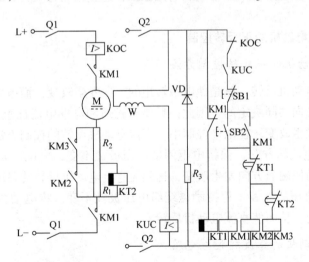

图 5-6 他励直流电动机电枢回路串两级电阻按时间原则起动的控制电路

1）电路的工作过程如下。

闭合 Q2 $\begin{cases} \text{KUC}^+ \rightarrow \text{KUC 常开触头闭合，为起动做好准备；} \\ \text{KT1}^+ \rightarrow \text{KT1 延时闭合的常闭触头断开，切断 KM2、KM3 线圈回路。} \end{cases}$

按下 SB2 → KM1$^+$ → $\begin{cases} \text{KM1 辅助常开触头闭合，实现自锁；} \\ \text{KM1 辅助常闭触头断开} \rightarrow \text{KT1}^- \rightarrow \text{开始延时；延时时间到} \\ \text{KM1 常开主触头闭合} \rightarrow \begin{cases} \text{电动机电枢绕组串接 } R_2 \text{、} R_1 \text{ 减压起动；} \\ \text{KT2}^+ \rightarrow \text{KT2 延时闭合的常闭触头断开，} \\ \text{为切除 } R_1 \text{ 做好准备。} \end{cases} \end{cases}$

→ 断开的 KT1 延时闭合常闭触头复位 → KM2$^+$ → KM2 常开主触头闭合 → $\begin{cases} R_1 \text{ 被切除；} \\ \text{KT2}^- \end{cases}$

→ 开始延时；延时时间到 → 断开的 KT2 延时闭合常闭触头复位 → KM3$^+$ → KM3 常开主触头闭合

→ R_2 被切除 → 电动机减压起动完成，进入全压运动状态。

按下 SB1 → $\begin{cases} \text{KM1}^- \\ \text{KM2}^- \\ \text{KM3}^- \end{cases}$ → KM1、KM2、KM3 主触头断开，电动机电枢断电，自然停车。

2）电路保护环节。过电流继电器 KOC 实现直流电动机的过载和短路保护；欠电流继电器 KUC 实现电动机的弱磁保护；电阻 R_3 与二极管 VD 构成励磁绕组的放电回路，实现过电压保护；按钮 SB2、KM1 常开辅助触头组成自锁电路，实现失电压(零电压)保护。

3）电路特点。他励、并励直流电动机起动控制的特点是：在接入电枢电压前，应先接入额定励磁电压，而且在励磁回路中应有弱磁保护，避免在弱磁或失磁时，直流电动机超速(俗称"飞车")。

（三）他励直流电动机的正反转控制

1. 他励直流电动机的正反转控制方法

要使他励直流电动机反转，就是使电磁转矩的方向发生改变，而电磁转矩的方向是由磁通方向和电枢电流方向共同决定的。因此，只要将磁通和电枢电流任意一个参数改变方向，电磁转矩的方向就发生改变。在电气控制中，直流电动机反转的控制方法有以下两种。

（1）改变励磁电流的方向　保持电枢两端电压极性不变，将电动机励磁绕组反接，使励磁电流反向，从而使磁通方向发生改变，达到使直流电动机反转的目的。

（2）改变电枢电压的极性　保持励磁绕组电压极性不变，将电动机电枢绕组反接，电枢电流即改变了方向，从而使直流电动机反转。

2. 他励直流电动机的正反转控制电路

图 5-7 所示为改变电枢电压极性实现电动机正反转的控制电路。其中，KM1、KM2 为正、反转接触器，KM3、KM4 为短接电枢电阻接触器，KT1、KT2 为断电延时型时间继电器，R_1、R_2 为起动电阻，R_3 为放电电阻。起动时，电路的工作情况与图 5-6 所示电路相同。要实现反转，则需按下停止按钮 SB1，待电动机停车后，再按下相应的起动按钮，使直流电动机电枢电压的极性发生改变，从而实现反转。该电路的具体工作过程请读者自行分析。

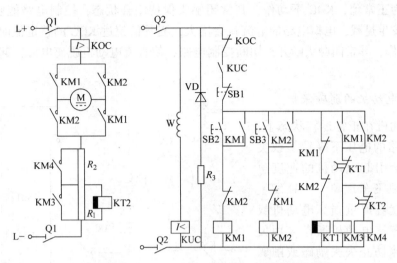

图 5-7 改变电枢电压极性实现电动机正反转的控制电路

四、技能考核——他励直流电动机起动控制电路的识读

(一)考核任务

识读图 5-6 所示的他励直流电动机起动控制电路，口述或用流程法写出其工作过程。

(二)考核要求及评分标准

考核要求及评分标准见表 5-1。

表 5-1 他励直流电动机起动控制电路的识读考核要求及评分标准

序　号	项　　目		配　分	评　分　标　准	得　分	备　注
1	主电路		15	主电路功能分析正确，每错一项扣 5 分		
2	控制电路	起动过程	60	减压起动分析正确，每错一项扣 5 分		
		停止过程	10	全压运行分析正确，每错一项扣 5 分		
		保护环节	15	停止过程分析正确，每错一项扣 5 分		
合计总分						

五、拓展知识——直流电动机的保护

直流电动机的保护环节是保证电动机正常运转、防止电动机或机械设备损坏以保护人身安全所必需的，因此它是电气控制系统中不可缺少的重要组成部分。直流电动机的保护包括短路保护、过电压和失电压保护、过载保护、限速保护及弱磁保护等。

1. 直流电动机的过载保护

直流电动机在起动、制动和短时过载时的电流会很大，对此，应采取一定的措施将电流限制在允许的范围内。直流电动机的过载保护一般是利用过电流继电器来实现的，如图 5-8 所示。

电路中，电枢电路串联过电流继电器 KOC。电动机负载正常时，过电流继电器中通过的电枢电流为正常值，KOC 不动作，其常闭触头保持闭合状态，控制电路能够正常工作。一旦电动机发生过载，电枢电路的电流就会增大，当其值超过 KOC 的整定值时，过电流继电器 KOC 动作，其常闭触头断开，切断控制电路，使直流电动机脱离电源，起到过载保护的作用。

2. 直流电动机的弱磁保护

直流电动机在正常运转状态下，如果励磁电路的电压下降较多或突然断电，就会引起电动机的速度急剧上升，出现飞车现象。一旦发生飞车现象，就会严重损坏电动机或机械设备。直流电动机通常采用欠电流继电器来防止失去励磁或削弱励磁的现象，如图5-8所示。

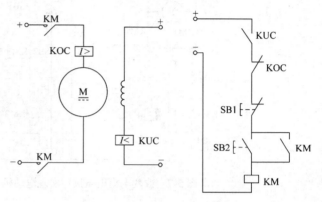

图 5-8　直流电动机的保护

电路中，励磁电路串联欠电流继电器 KUC，当励磁电流正常时，欠电流继电器吸合，其常开触头闭合，控制电路能够正常工作。当励磁电流减小或为零时，欠电流继电器因电流过低而释放，其常开触头恢复断开状态，切断控制电路，使电动机脱离电源，起到弱磁保护的作用。

思考与练习

1. 单项选择题

1）直流电动机除极小容量外，不允许(　　　)起动。

A. 减压　　　　　　　B. 全压　　　　　　　C. 电枢回路串电阻　　　D. 降低电枢电压

2）直流电动机全压起动时，起动电流很大，是额定电流的(　　　)倍。

A. 4~7　　　　　　　B. 5~6　　　　　　　C. 10~20　　　　　　　D. 2~2.5

3）为了使直流电动机的旋转方向发生改变，应将电枢电流(　　　)。

A. 增大　　　　　　　B. 减小　　　　　　　C. 不变　　　　　　　D. 反向

4）在他励直流电动机电气控制电路中，励磁回路中接入的电流继电器应是(　　　)。

A. 欠电流继电器，应将其常闭触头接入控制电路

B. 欠电流继电器，应将其常开触头接入控制电路

C. 过电流继电器，应将其常闭触头接入控制电路

D. 过电流继电器，应将其常开触头接入控制电路

5）在他励直流电动机电气控制电路中，电枢回路中接入的电流继电器应是(　　　)。

A. 欠电流继电器，应将其常闭触头接入控制电路

B. 欠电流继电器，应将其常开触头接入控制电路

C. 过电流继电器，应将其常闭触头接入控制电路

D. 过电流继电器，应将其常开触头接入控制电路

2. 判断题

1）直流电动机起动时，必须限制起动电流。（　　）

2）直流电动机减压起动时，常采用减小电枢电压和电枢回路串电阻两种方法。（　　）

3）他励直流电动机的反转控制可采用电枢反接来实现，即保持励磁磁场方向不变，改变电枢电流的方向。（　　）

4）直流电动机的弱磁保护采用的电气元器件是过电流继电器。（　　）

5）直流电动机的弱磁保护是利用欠电流继电器的常闭触头串接在励磁回路中来实现的。（　　）

3. 分析图 5-7 所示电路的工作原理。

任务二　直流电动机的制动与调速控制

一、任务描述

直流电动机的电气制动就是使电动机产生一个与旋转方向相反的电磁转矩，来阻碍电动机的转动。在制动过程中，要求电动机制动迅速、平滑、可靠且能量损耗少。直流电动机常见的电气制动有能耗制动、反接制动和发电回馈制动。在许多生产场合中，常常需要改变电动机的速度来达到生产要求。直流电动机的调速方法有改变电枢电压调速、电枢回路串电阻调速和改变磁通调速。

本任务要求识读他直流电动机的能耗制动控制电路和并励直流电动机的弱磁调速控制电路。

二、任务目标

1）了解直流电动机的制动与调速控制，能对直流电动机的制动与调速进行判断及选择。

2）识读直流电动机调速控制电路，并掌握其工作原理。

3）识读直流电动机制动控制电路，并掌握其工作原理。

三、任务实施

（一）他励直流电动机的能耗制动控制

1. 直流电动机制动控制的方法

常见的直流电动机电气制动方法有能耗制动、反接制动和发电回馈制动。

（1）能耗制动　能耗制动是把正处于电动机运行状态的直流电动机的电枢从电网上断开，并联到一个外加的制动电阻上构成闭合回路。此时，直流电动机电枢由于惯性而继续旋转，电枢绕组切割定子磁场，把拖动系统的动能转变为电能并消耗在电枢回路的电阻上。

（2）反接制动　反接制动有电枢反接制动和倒拉反接制动两种。

1）电枢反接制动。电枢反接制动是将电枢反接在电源上，同时电枢回路要串接制动电阻。在电动机电枢电源反接的瞬间，转速因惯性不能突变，电枢电动势也不变，此时电枢电流为负值，即电磁转矩反向，与转速方向相反，起制动作用，从而使电动机处于制动状态。

2）倒拉反接制动。这种制动方法一般发生在下放重物的情况下。在电枢电路中串入较大的制动电阻，电动机转速因惯性不能突变，此时电磁转矩小于负载转矩，电动机减速至零。位能性负载转矩反拖电动机，电动机转速反向成为负值，电枢电动势也反向成为负值，但电枢电流为正值，电磁转矩保持提升时重物的原方向，与转速方向相反，电动机处于制动状态，直到电磁转矩等于负载转矩，电动机以稳定转速下放重物。

（3）发电回馈制动　常见于位能负载高速拖动电动机及电动机降低电枢电压调速的场合。

当电动机转速高于理想空载转速，电枢电动势大于电枢电压时，电枢电流就会改变方向，与电动状态相反，电动机向电网回馈电能，电磁转矩的方向与电动状态时相反，而转速方向不变，为制动状态。

2. 他励直流电动机的能耗制动控制电路

图5-9所示为他励直流电动机的能耗制动控制电路。其中，KM1、KM2、KM3、KA1、KA2、KT1、KT2的作用与图5-6所示电路相同，KM4为制动接触器，KUV为欠电压继电器，实现能耗制动的切除。

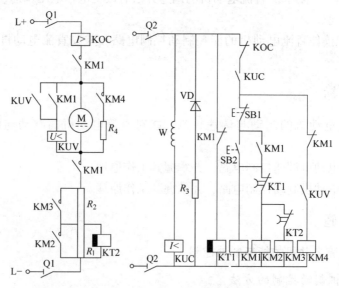

图5-9　他励直流电动机的能耗制动控制电路

（1）电路工作过程分析

1）起动过程如下：

闭合Q1→为电枢回路得电做好准备。

$$\text{闭合 Q2}\begin{cases} \text{KUC}^+ \rightarrow \text{KUC 常开触头闭合，为起动做好准备；}\\ \text{KT1}^+ \rightarrow \text{KT1 延时闭合常闭触头断开，切断 KM2、KM3 线圈回路。} \end{cases}$$

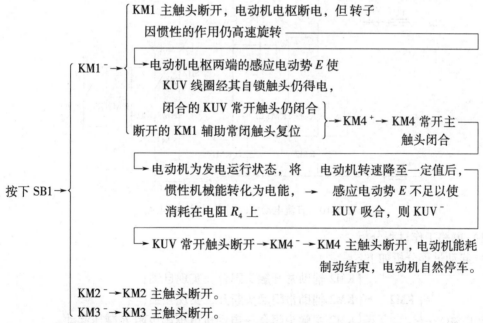

2) 能耗制动过程如下：

（2）电路保护环节　过电流继电器 KOC 实现电动机的过载和短路保护；欠电流继电器 KUC 实现电动机的弱磁保护；电阻 R_3 与二极管 VD 构成励磁绕组的放电回路，实现过电压保护；按钮 SB2 与 KM1 辅助常开触头构成自锁电路，实现失电压(零电压)保护。

（二）并励直流电动机的弱磁调速控制

1. 直流电动机的调速方法

由直流电动机机械特性可知，人为地改变电枢回路总电阻、电枢电压和磁通都可以改变转速。

（1）改变电枢回路总电阻调速   该调速方法的特点是：在电枢回路中分段串入电阻，电动机转速只能降低；由于电阻是分段串入的，故其调速是有级调速，调速平滑性较差；电动机在低速运行时，速度的下限受到限制，其调速范围也受到限制；电阻串接在电枢回路中，由于电枢电流很大，在调速电阻上消耗的能量也会很大，故耗能较高，调速方法简单且投资少。该调速方法适用于小容量直流电动机的调速。

（2）改变电枢电压调速   改变电源电压调速时，电动机的机械特性硬度不变，调速性能稳定，调速范围广，可实现有级调速，也可实现无级调速。该调速方法常用于采用相控晶闸管整流装置作为电源的自动控制系统中。

（3）弱磁调速   改变磁场磁通调速时，电动机的机械特性变软，随着磁通的减小转速不断升高，但会受电动机换向和机械强度的限制，故调速范围不大，常与改变电枢电压调速配合使用。该调速方法耗能少、操作简单且投资少。

2. 并励直流电动机的弱磁调速控制电路

图 5-10 为直流电动机的弱磁调速控制电路。二极管 VD1、VD2 构成两相整流电路，KM1 为能耗制动接触器，KM2 为运行接触器，KM3 为切除起动电阻接触器，KT 为通电延时型时间继电器。

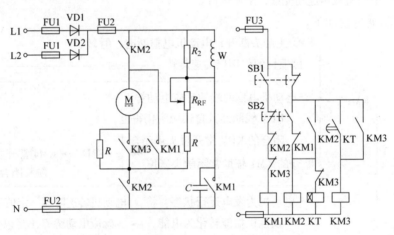

图 5-10   直流电动机的弱磁调速控制电路

（1）电路工作过程分析

1）起动过程分析如下：

按下 SB2 →
  - KM2⁺ →
    - KM2 辅助常开触头闭合，实现自锁；
    - KM2 辅助常闭触头断开，实现互锁；
    - KM2 主触头闭合 → 电动机电枢串电阻 R 减压起动。
  - KT⁺ → KT 通电延时；延时时间到 → KT 延时闭合常开触头闭合 ⟶

⟶ KT3⁺ →
  - KM3 辅助常开触头闭合，实现自锁；
  - KM3 辅助常闭触头断开 → KT⁻ → 闭合的 KT 延时闭合常开触头断开；
  - KM3 主触头闭合 → 切除 R → 电动机全压运行。

2）调速过程：在正常运行状态下，调节电阻 R_{RF}，改变电动机励磁电流的大小，从而改变电动机励磁磁通，达到调节电动机转速的目的。

3）停车及制动过程：

$$
按下\ SB1 \rightarrow
\begin{cases}
\begin{cases}
KM2^- \\
KM3^-
\end{cases} \rightarrow KM2、KM3\ 主触头断开，电动机电枢断电，自然停车。\\[2ex]
KM1^+ \rightarrow
\begin{cases}
KM1\ 辅助常闭触头断开，实现互锁；\\
KM1\ 主触头闭合 \rightarrow 电动机电枢经\ R\ 构成能耗制动回路；\\
KM1\ 主触头闭合 \rightarrow 短接\ C，加强制动效果。
\end{cases}
\end{cases}
$$

松开 $SB1 \rightarrow KM1^- \rightarrow$ 电动机能耗制动结束，自然停车。

（2）电路保护环节　FU1、FU2、FU3 用于电路的短路保护，R 兼有起动限流和制动限流的作用，R_{RF} 为调速电阻，R_2 用于吸收励磁绕组的自感电动势，进行过电压保护。

四、技能考核——直流电动机能耗制动控制电路的识读

（一）考核任务

识读图 5-9 所示的直流电动机能耗制动控制电路，口述或用流程法写出其工作过程。

（二）考核要求及评分标准

考核要求及评分标准见表 5-2。

表 5-2　直流电动机能耗制动控制电路的识读考核要求及评分标准

序　号	项　目		配　分	评 分 标 准	得　分	备　注
1	主电路		15	主电路功能分析正确，每错一项扣 5 分		
2	控制电路	起动过程	60	减压起动过程分析正确，每错一项扣 5 分		
		制动过程	10	全压运行分析正确，每错一项扣 5 分		
		保护环节	15	制动过程分析正确，每错一项扣 5 分		
合计总分						

五、拓展知识——串励直流电动机的控制电路

串励直流电动机与他励直流电动机相比较，主要有以下特点：一是具有较大的起动转矩，起动性能好；二是过载能力强。因此在要求有大起动转矩、负载变化时允许转速变化的恒功率负载的场合(如起重机、轨道交通机车等)，宜采用串励直流电动机。

下面主要介绍串励直流电动机的起动、调速、正反转及制动的基本控制电路。

1. 串励直流电动机的起动

串励直流电动机与他励直流电动机一样，常采用电枢回路串起动电阻的方法进行起动，以限制起动电流。串励直流电动机手动起动控制电路如图 5-11 所示。

该电路采用起动变阻器起动，改变起动变阻器的手轮逐级切除起动电阻即可起动电动机。安装时的注意事项如下：

1）电源开关及起动变阻器的安装要接近电动机和被拖动的机械，以便在控制室能看到这些设备的运行情况。

2）在对串励直流电动机试车时，必须带29%～30%的额定负载，严禁空载或轻载起动运行；而且串励直流电动机和拖动生产机械之间不要采用带传动，以防止传送带断裂或滑脱而引起电动机"飞车"事故。

3）用于调速的电位器 RP 要和励磁绕组并联。起动前，应把 RP 串入电路部分的阻值调到最大。起动过程中，随着该部分阻值逐渐被调小，电动机的转速逐渐升高，但最高转速不得超过 2000r/min。

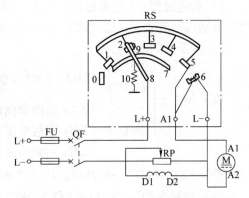

图 5-11　串励直流电动机手动起动控制电路

2. 串励直流电动机的调速

串励直流电动机的电气调速方法与他励、并励直流电动机的电气调速方法相同，即电枢回路串电阻调速、改变主磁通调速和改变电枢电压调速的三种方法。其中，在大型串励直流电动机上应用改变主磁通的调速方法时，常采用在励磁绕组两端并联可调分流电阻的方法来实现；在小型串励直流电动机上应用改变主磁通的调速方法时，常采用改变励磁绕组的匝数或接线方式来实现。

3. 串励直流电动机的正反转控制

由于串励直流电动机电枢绕组两端的电压很高，而励磁绕组两端的电压很低，反接较容易，所以串励直流电动机的反转常采用励磁绕组反接法来实现。

4. 串励直流电动机的制动

由于串励直流电动机的理想空载转速趋于无穷大，所以运行中不可能满足回馈制动的条件，因此，串励直流电动机的电气制动方法只有能耗制动和反接制动两种。

（1）串励直流电动机的能耗制动　串励直流电动机的能耗制动分为自励式和他励式两种。

自励式能耗制动是指电动机断开电源后，将其励磁绕组反接，与电枢绕组和制动电阻串联构成闭合回路，使由于惯性继续旋转的电动机电枢处于自励发电状态，产生与旋转方向相反的电磁转矩，迫使电动机迅速停转。

自励式能耗制动的设备简单，在高速时制动转矩大，制动效果好；但在低速时制动转矩会减小很快，使得制动效果变差。

他励式能耗制动的原理如前所述。若励磁绕组与电枢共用供电电源，则需要在串励回路中串入较大的分压电阻(因串励绕组电阻很小)。这种制动方法不仅需要外加的直流电源设备，而且励磁回路消耗的功率较大，所以经济性较差。

（2）串励直流电动机的反接制动　串励电动机的反接制动可通过两种方式来实现：一是位能负载时旋转方向反向法；二是电枢直接反接法。

位能负载时旋转方向反向法就是强迫电动机改变旋转方向，使电动机的转动方向与电磁转矩的方向相反，从而实现制动。如提升机下放重物时，电动机在重物(位能负载)的作用下，其旋转方向与电磁转矩反向，电动机处于制动状态。

　　电枢直接反接法是指切断电源后，将电枢绕组串入制动电阻后反接，保持其励磁电流方向不变的制动方法。**需要注意的是**：采用电枢反接制动时，不能直接将电源极性反接，否则，会由于电枢电流和励磁电流同时反向而起不到制动作用。

思考与练习

1. 单项选择题

1）将直流电动机电枢的动能变成电能消耗在电阻上，称为(　　)。

A. 反接制动　　　　　B. 回馈制动　　　　　C. 能耗制动　　　　　D. 机械制动

2）能耗制动时，直流电动机处于(　　)。

A. 发电状态　　　　　B. 电动状态　　　　　C. 短路状态　　　　　D. 不确定

3）他励直流电动机起动控制电路中设置弱磁保护的目的是(　　)。

A. 防止电动机起动电流过大

B. 防止电动机起动转矩过小

C. 防止停机时过大的自感电动势引起励磁绕组的绝缘击穿

D. 防止飞车

4）串励直流电动机能耗制动方法有(　　)种。

A. 2　　　　　　　　B. 3　　　　　　　　C. 4　　　　　　　　D. 5

5）直流电动机电枢回路弱磁调速时，转速(　　)铭牌转速。

A. 低于　　　　　　　B. 高于　　　　　　　C. 等于　　　　　　　D. 不确定

2. 判断题

1）直流电动机采用反接制动时，经常是将正在电动运行的电动机电枢绕组反接。

(　　)

2）直流电动机改变励磁磁通调速是通过改变励磁电流的大小来实现的。　　(　　)

3）直流电动机电枢回路串电阻调速时，当电枢回路电阻增大，其转速增大。　(　　)

4）对直流电动机进行能耗制动时，必须切断所有电源。　　　　　　　　　(　　)

5）直流电动机调压调速时，转速通常从额定转速往下调。　　　　　　　　(　　)

项目六　典型机床电气控制电路的分析与故障检修

实际工业应用中，电气控制设备种类繁多，其控制方式和电气控制电路也各不相同，但电气控制电路的分析与故障检修的方法却基本相同。本项目通过对几个典型机床设备电气控制电路的分析，培养学生识读机床电气原理图的能力，掌握电路故障检修的常用方法，为电气控制系统的设计、安装、调试和维护打下坚实的基础。

📝 项目教学目标

1）能识读典型机床的电气原理图。

2）根据机床的电气故障现象，对照电路原理图，能够确定故障范围。

3）能运用电阻法、电压法等常用检查电路故障的方法检测并排除典型机床电气控制电路的常见电气故障。

任务一　C6140T 型卧式车床电气控制电路的分析与故障检修

一、任务描述

车床是一种应用极为广泛的金属切削机床，约占机床总数的 25% ~ 50%。在各种车床中，应用最多的是卧式车床。卧式车床主要用来车削外圆、内圆、端面、螺纹和定形表面等，还可以安装钻头或铰刀等进行钻孔和铰孔等加工。

本任务要求识读 C6140T 型卧式车床的电气原理图，运用万用表检测并排除 C6140T 型卧式车床电气控制电路的常见故障。

二、任务目标

1）了解 C6140T 型卧式车床的工作状态及操作方法。

2）能识读 C6140T 型卧式车床的电气原理图，熟悉车床电气元器件的分布位置和走线情况。

3）能根据故障现象分析 C6140T 型卧式车床的常见电气故障原因，并能确定故障范围。

4）能根据实际故障现象选择适当的故障检测方法，会用万用表检测并排除 C6140T 型卧式车床电气控制电路的常见故障。

三、任务实施

（一）C6140T 型卧式车床

1. 车床的结构

C6140T 型卧式车床主要由床身、主轴箱、进给箱、溜板及刀架、尾座、丝杠及光杠等几部分组成，其结构如图6-1所示。

2. 车床的运动情况

车床的运动形式有主运动、进给运动和辅助运动。

车床的主运动为工件的旋转运动，即由主轴通过卡盘或顶尖带动工件旋转，它承受车削加工时的主要切削功率。车削加工时，应根据被加工工件的材料、刀具种类、工件尺寸及工艺要求等选择不同的切削速度。主轴的正转速度有24种（10～1400r/min），反转速度有12种（14～1580r/min）。

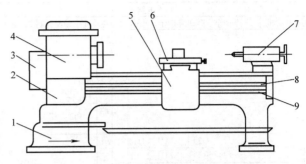

图6-1　C6140T型卧式车床的结构示意图

1—床身　2—进给箱　3—挂轮箱　4—主轴箱　5—溜板箱
6—溜板及刀架　7—尾座　8—丝杠　9—光杠

车床的进给运动是溜板带动刀架的纵向或横向直线运动。溜板箱把丝杠或光杠的转动传递给刀架部分，通过变换溜板箱外的手柄位置，经刀架部分使刀具做纵向或横向进给。

车床的辅助运动有刀架的快速移动、尾座的移动以及工件的夹紧与放松等。

3. 车床加工对控制电路的要求

1）加工螺纹时，工件的旋转速度与刀具的进给速度应保持严格的比例关系，因此，主运动和进给运动应由同一台电动机拖动，一般采用笼型异步电动机。

2）工件材料、尺寸及加工工艺等不同，切削速度应不同，因此要求主轴的转速也不同，这里采用机械调速。

3）车削螺纹时，要求主轴反转实现退刀，因此要求主轴能正反转。车床主轴的旋转方向可通过机械手柄来控制。

4）主轴电动机采用直接起动；为了缩短停车时间，主轴停车时采用能耗制动。

5）车削加工时，由于刀具与工件温度升高，所以需要对它们进行冷却。为此，专门设有冷却泵电动机，要求冷却泵电动机在主轴电动机起动后方可起动，当主轴电动机停止时，冷却泵电动机应立即停止。

6）为实现溜板箱的快速移动，专门设有单独的快速移动电动机来拖动溜板箱，采用点动控制。

7）应配有安全照明电路和必要的联锁保护环节。

因此，C6140T型卧式车床由三台三相笼型异步电动机拖动，即主轴电动机M1、冷却泵电动机M2和刀架快速移动电动机M3。

4. C6140T型卧式车床电气原理图的识读

C6140T型卧式车床电气原理图如图6-2所示。

（1）主电路的识读　该电路由电源开关QF1将三相交流电源引入。主轴电动机M1由交流接触器KM1控制，实现直接起动；由交流接触器KM4和二极管VD组成单管能耗制动电路，实现快速停车。另外，通过电流互感器TA接入电流表来监视加工过程中电动机的工作电流。

主电路						照明、指示、控制电路		
快进电动机	冷却泵	冷却泵指示	电源、主轴电动机	主轴能耗制动	变压器	主轴、冷却泵直接起停	快进电动机点动	主轴能耗制动控制

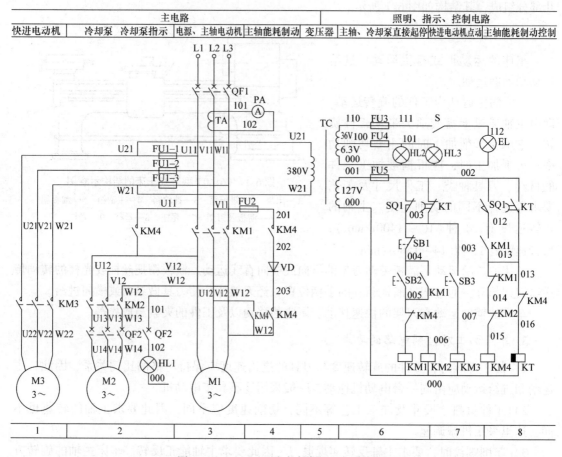

图 6-2　C6140T 型卧式车床的电气原理图

冷却泵电动机 M2 由 KM2 和 QF2 控制。

刀架快速移动电动机 M3 由交流接触器 KM3 控制，由熔断器 FU1 实现短路保护。

（2）控制电路的识读　控制电路如图 6-3 所示。控制电路的电源由控制变压器 TC 提供，其中控制电路电压为 AC127V，照明电路电压为 AC36V，指示灯电路电压为 AC6.3V。即采用变压器 380V/127V、36V、6.3V。

1）M1、M2 直接起动：闭合 QF1→按下 SB2→KM1、KM2 线圈得电自锁→ KM1 主触头闭合→M1 直接起动；KM2 主触头闭合→闭合 QF2→ M2 直接起动。

2）M3 直接起动：闭合 QF1→按下 SB3→KM3 线圈得电→ KM3 主触头闭合→M3 直接起动（点动）。

3）M1 能耗制动：压入 SQ1→SQ1（002 - 003）断开，SQ1（002 - 012）闭合→KT 线圈通过支路 002 - 012 - 013 - 016 - 000 得电→KT（002 - 003）断开，KM1、KM2 线圈断电，KT（002 - 013）触头闭合，KT 线圈得电自锁→KM4 线圈通过支路 002 - 013 - 014 - 015 - 000 得电→ KM4 常开触头闭合，M1 通入直流电实施能耗制动，同时 KM4 常闭触头（013 - 016）断开，KT 线圈失电，延时 t 秒后，KT 触头复位，KT 常开触头（002 - 013）断开，KM4 线圈失电，主触头断开直流通电，能耗制动结束。

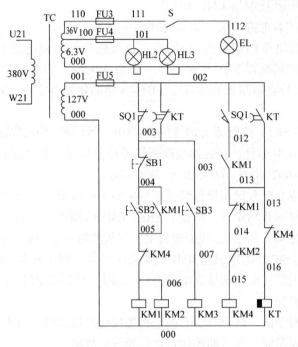

图 6-3 C6140T 型卧式车床的控制电路

（3）照明、指示灯电路的识读

照明、指示灯电路如图 6-4 所示，电源变压器 TC 将 380V 的交流电压降到 36V 的安全电压，供照明用。照明电路由开关 S 控制灯 EL。熔断器 FU3 用做照明电路的短路保护。6.3V 电压供给冷却泵电动机 M2 的运行指示灯 HL1、电源指示灯 HL2 和刻度照明灯 HL3 用电。

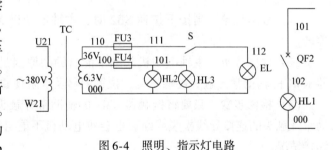

图 6-4 照明、指示灯电路

（4）车床工作时电流监测回路的识读 由电流互感器 TA 配合电流表 PA 监视车床工作时电路中的电流。

综上所述 C6140T 型卧式车床电气控制电路的特点如下：

1）主轴电动机采用单向直接起动，单管能耗制动。能耗制动时间用断电延时型时间继电器控制。

2）主轴电动机和冷却泵电动机在主电路中要保证顺序控制的联锁关系。

3）用电流互感器检测电流及监视车床工作时电路的电流。

（二）C6140T 型卧式车床电气控制电路常见电气故障的检修方法

1. 主轴电动机 M1 不能起动

（1）故障现象 闭合电源开关 QF1，按下起动按钮 SB2，主轴电动机 M1 不能起动。

（2）原因分析 主轴电动机 M1 不能起动，其原因可能有：控制电路没有电压、控制电路中的熔断器 FU5 熔断及接触器 KM1 未吸合。

（3）检修步骤　闭合电源开关，如果电源指示灯 HL2 不亮，可先检查控制电路电压是否正常。用万用表交流电压档测量变压器 TC 二次绕组控制电路电压是否有 127V，若显示 0V，则检查控制电路的熔断器 FU5 是否完好。若 FU5 完好，需进一步检查变压器 TC 一次绕组是否有 380V 以及检查熔断器 FU1 - 1、FU1 - 3 熔断体是否完好。若有 127V，则按以下步骤进行检查。

1）按下起动按钮 SB2，接触器 KM1 线圈不得电，可以确定故障范围在控制电路，如按钮 SB1 或 SB2 的触头接触不良、接触器线圈断线等都会导致 KM1 线圈不能得电吸合。可用电阻测量法测量 001 - 002 - 003 - 004 - 005 - 006 - 000。

在实际检测中，应在充分试车操作情况下尽量缩小故障范围。对于电动机 M1 不能起动的故障现象，若刀架快速移动正常，即按下 SB3，KM3 线圈得电吸合，则故障范围在 003 - 004 - 005 - 006 - 000 之间。若 KM2 线圈能得电，则故障将限于 006 - 000 之间。

2）按下起动按钮 SB2，若接触器 KM1 线圈得电吸合，但主轴电动机不能起动运行，可以确定故障范围在主电路，可依次检查电源进线、QF1、接触器 KM1 主触头及电动机 M1 的接线端子等是否接触良好。

在检测故障时，对于同一线号至少有两个相关接线连接点的，应根据电路逐一测量，判断是属于连接点故障还是同一线号两连接点之间导线的故障。

2. 主轴电动机能运转后不能自锁

（1）故障现象　当按下按钮 SB2 时，主轴电动机 M1 能运转，但松开按钮后电动机就停转。

（2）原因分析　主轴电动机起动不能自锁的原因是自锁触头不起作用。这是由于接触器 KM1 的辅助常开触头接触不良、位置偏移及卡阻现象等引起的故障。

（3）检修步骤　只要将接触器 KM1 的辅助常开触头进行修整或更换即可排除故障。辅助常开触头的连接导线松脱或断裂也会使电动机不能自锁，用电阻测量法检测 004 - 005 的连接情况。

3. 刀架快速移动电动机 M3 不能运转

（1）故障现象　当按下点动按钮 SB3 时，快速移动电动机 M3 不能运转。

（2）原因分析　快速移动电动机 M3 不能运转，其原因有：接触器 KM3 线圈不能得电吸合、KM3 主触头接触不良等。

（3）检修步骤　按下按钮 SB2 时，若主轴电动机 M1 能运转，则按以下步骤检查。

1）按下点动按钮 SB3，若接触器 KM3 线圈不能得电吸合，则可判定故障在控制电路中，可依次检查点动按钮 SB3、接触器 KM3 的线圈是否断路。用电阻测量法检测 003 - 007 - 000 之间的连接情况。

2）按下点动按钮 SB3，若接触器 KM3 线圈得电吸合，则可判定故障在主电路中，可依次检查熔断器 FU1、接触器 KM3 主触头及电动机 M3 的接线端子等是否接触良好。

4. 主轴电动机 M1 不能进行能耗制动

（1）故障现象　起动主轴电动机 M1 后，若要实现能耗制动，只需压下限位开关 SQ1 即可。若压下限位开关 SQ1 后不能实现能耗制动，其故障现象通常有两种：一种是电动机 M1 能自然停止；另一种是电动机 M1 不能停止，仍然转动不停。

（2）原因分析　压下限位开关 SQ1 后不能实现能耗制动，其故障原因可能在主电路，也可能在控制电路。可通过如下方法加以判别。

1）由故障现象确定。当压下限位开关 SQ1 时，若电动机 M1 能自然停止，则说明控制电路中 KT(002 – 003)能断开，时间继电器 KT 线圈能得电，不能制动的原因在于接触器 KM4 是否得电动作。若 KM4 线圈得电动作，则故障范围在主电路中；若 KM4 线圈不能得电，则故障范围在控制电路中。

当压下限位开关 SQ1 时，若电动机能不能停止，则说明控制电路中 KT(002 – 003)触头不能断开，致使接触器 KM1 线圈不能断电释放，从而造成电动机不停止，其故障范围在控制电路中，这时可以检查时间继电器 KT 线圈是否得电。

2）由电器的动作情况确定。当压下限位开关 SQ1 进行能耗制动时，反复观察 KT 和 KM4 的衔铁有无吸合动作。若 KT 和 KM4 的衔铁先后吸合，则故障范围应在主电路的能耗制动回路中；若 KT 和 KM4 的衔铁只要有一个不吸合，则故障范围应在控制电路的能耗制动回路中。

（3）检修步骤　主轴电动机 M1 不能进行能耗制动的故障范围与主电路的相关回路和控制电路中 KT 线圈的得电路径及 KM4 线圈的得电路径有关。若要确定故障在主电路还是控制电路故障，则可按以下方法来判别。

主电路中与能耗制动相关的电路如图 6-5 所示。控制电路中与能耗制动相关的电路如图 6-6 所示。

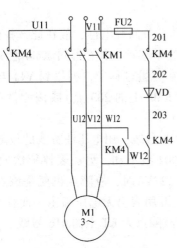

图 6-5　能耗制动主电路

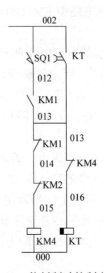

图 6-6　能耗制动控制电路

由图 6-5 可知，能耗制动主电路的故障范围如下：V11→FU2→201→KM4(201 – 202)→

$$202 \rightarrow VD \rightarrow 203 \rightarrow KM4(203 - W12) \rightarrow \left\{ \begin{array}{l} W12 \\ KM4(W12 - V12) \rightarrow V12 \end{array} \right\} \rightarrow M1 \rightarrow U12 \rightarrow KM4(U12 -$$

U11)→U11

由图6-6可知，能耗制动控制电路的故障范围可按以下步骤确定。

1）KT动作情况。观察KT线圈是否得电，若能得电，则故障不在KT线圈得电回路中；若不能得电，则故障在KT线圈得电回路中。

KT线圈得电回路：002→SQ1（002 - 012）→012→KM1（012 - 013）→013→KM4（013 - 016）→016→KT线圈→000。

再观察KT得电后是否自锁，若能自锁，则故障不在KT自锁回路中；若不能自锁，则故障在KT自锁回路中。

KT自锁回路：002→KT（002 - 013）→013。

2）KM4动作情况。观察KM4线圈是否得电，若KM4线圈不得电，则故障就在KM4线圈得电回路中。

KM4线圈得电回路：002→KT（002 - 013）→013→KM1（013 - 014）→014→KM2（014 - 015）→015→KM4线圈→000。

KM4线圈得电回路中含有KT自锁回路，若KT能自锁，则故障只在013→KM1（013 - 014）→014→KM2（014 - 015）→015→KM4线圈→000中。

用电阻测量法或电压测量法检测以上电路，其中用电阻测量法检测时应防止因寄生回路产生的误判断。例如，假设016线断开，测量KM4（013 - 016）→016时，原则上电阻应近似为∞；而实际测量时电阻值为KM4与KT线圈的串联值，这是因为存在如下寄生回路：013→KM1常闭触头→KM2常闭触头→KM4线圈→KT线圈，这时可用手按下KM1或KM2的衔铁，使KM1或KM2常闭触头断开，这样就断开了寄生回路。

（4）检修实例

例1 若主电路中KM4（203 - W12）上203线松脱，造成不能能耗制动。用电阻法查找此故障点。

选择万用表的R×10电阻档，一表棒（因二极管具有单向导电性，故在此选择红表棒）放在V11点不动，另一表棒（即黑表棒）从201点逐步往下移动，并在经过KM4触头时，强行使KM4触头闭合（只需按住KM4的衔铁不放）。若在测量过程中，测量到V11与某点间（如KM4上的203点）的电阻值为无穷大时，则该点（KM4上的203点）或该元件（KM4触头）即为故障点。

例2 KT线圈不得电，若故障点在KT线圈上的016号线，用电压法查找此故障点。

选择万用表的交流电压250V量程，一表棒放在002线不动，另一表棒依次放在012、013、016、000号线上，当万用表有电压指示（此处为127V）时，故障点也就是该点或前一连接点。本例中当另一表棒移至KT上的016号线时，万用表仍无电压指示，而移至KT上的000号线时，会有127V的电压指示，此时即可确定故障点为KT上的016号线。（测量过程中压入SQ1）

例3 KM4线圈不得电，若故障点在触头KM1（013 - 014）上的014号线上，用短路法查找此故障点。

因KT能得电，若电路中只有一个故障点，则此时故障现象应是KT吸合不释放，可将等电位点013号线与015号线短接，若此时KM4线圈能得电，则说明故障范围在013号线与015号线之间，可在断电情况下，用电阻法很快可查找到此故障点。

四、技能考核——C6140T 型卧式车床电气控制电路的故障检修

(一) 考核任务

在 C6140T 型卧式车床电气控制电路中设置 1 ~ 2 故障点，让学生观察故障现象，在限定时间内分析故障原因和故障范围，用电阻测量法或电压测量法等方法进行故障的检查与排除。

(二) 考核要求及评分标准

在 30min 内排除两个 C6140T 型卧式车床电气控制电路的故障。评分标准见表 6-1。

表 6-1　C6140T 型卧式车床电气故障检修评分标准

序号	项目	评 分 标 准	配分	扣分	得分
1	观察故障现象	两个故障，观察不出故障现象，每个扣 10 分	20		
2	故障分析	分析和判断故障范围，每个故障占 20 分 对每个故障的范围判断不正确，每次扣 10 分 范围判断过大或过小，每超过一个元器件或导线标号扣 5 分，直至扣完这个故障的 20 分为止	40		
3	故障排除	正确排除两个故障，不能排除的故障，每个扣 20 分	40		
4	其他	不能正确使用仪表扣 10 分；拆卸无关的元器件、导线端子，每次扣 5 分；扩大故障范围，每个故障扣 5 分；违反电气安全操作规程，造成安全事故者酌情扣分；修复故障过程中超时，每超时 5min 扣 5 分	从总分倒扣		
开始时间		结束时间		成绩	评分人

五、拓展知识——机床电气控制电路的基本维修方法

(一) 机床电气原理图的识读

机床的电气原理图一般包括主电路、控制电路(包括电源变压器)、指示电路及联锁与保护环节。

机床电气原理图阅读分析的基本原则是：化整为零、顺藤摸瓜、先主后辅、集零为整、安全保护、全面检查。

采用化整为零的原则是以某一电动机或电气元器件(如接触器或继电器线圈)为对象，从电源开始，自上而下，自左而右，逐一地分析其接通及断开关系。

机床电气原理图的分析方法与步骤如下。

1. 分析主电路

无论电气控制电路设计还是电气控制电路分析都是先从主电路入手。主电路的作用是保证实现机床的拖动要求。从主电路的构成可以分析出电动机或执行电器的类型，工作方式，起动、转向、调速、制动等控制要求与保护要求等。

2. 分析控制电路

主电路中的各控制要求是由控制电路来实现的，运用"化整为零、顺藤摸瓜"的原则，

将控制电路按功能划分为若干个局部控制电路，从电源和主令信号开始，经过逻辑判断，写出控制流程，以简单明了的方式表达出电路的自动工作过程。

3. 分析辅助电路

辅助电路包括执行元器件的工作状态显示、电源显示、参数设定及照明和故障报警等。这部分电路具有相对独立性，起辅助作用但又不影响主要功能。辅助电路中很多部分是由控制电路中的元器件来控制的。

4. 分析联锁与保护环节

生产机械对于安全性、可靠性有很高的要求，为了实现这些要求，除了合理地选择拖动、控制方案外，在控制电路中还应设置一系列电气保护和必要的电气联锁环节。在分析的电气原理图过程中，电气联锁与电气保护环节是一个重要内容，不能遗漏。

5. 总体检查

经过"化整为零"，逐步分析了每一局部电路的工作原理及各部分之间的控制关系之后，还必须用"集零为整"的方法检查整个控制电路，检查是否有遗漏。特别要从整体角度进一步检查和理解各控制环节之间的联系，以达到正确理解电气原理图中每一个电气元器件的作用。

（二）机床电气故障的诊断步骤

1. 故障调查

（1）问　机床发生故障后，首先应向操作者了解故障发生的前后情况，这样有利于根据电气设备的工作原理来分析发生故障的原因。一般询问的内容有：故障发生在停车前、停车后，还是发生在运行中；是运行中自行停车，还是发现异常情况后由操作者停下来的；发生故障时，机床工作在什么工作顺序，按下了哪个按钮，扳动了哪个开关；故障发生前后，设备有无异常现象（如响声、气味、冒烟或冒火等）；以前是否发生过类似的故障，是怎样处理的等。

（2）看　熔断器内熔丝是否熔断，其他电气元器件有无烧坏、发热及断线等，导线连接螺钉是否松动，电动机的转速是否正常。

（3）听　电动机、变压器及其他电气元器件在运行时声音是否正常，根据声音寻找故障的部位。

（4）摸　电动机、变压器和一些电气元器件的线圈发生故障时，温度显著上升，可切断电源后用手去触摸。

2. 电路分析

根据调查结果，参考该电气设备的电气原理图进行分析，初步判断出故障产生的部位，然后逐步缩小故障范围，直至找到故障点并加以排除。

分析故障时应有针对性，如接地故障一般先考虑电气柜外的电气装置，然后考虑电气柜内的电气元器件；而断路和短路故障则应先考虑动作频繁的元器件，然后考虑其余元器件。

3. 断电检查

检查前先断开机床的总电源，然后根据故障可能产生的部位，逐步找出故障点。检查时应先检查电源线进线处有无碰伤引起的电源接地、短路等现象，螺旋式熔断器的熔断指示器是否跳出及热继电器是否动作等。然后检查电器外部有无损坏，连接导线有无断路、松动，绝缘是否过热或烧焦等。

4．通电检查

通过断电检查仍未找到故障时，可对电气设备进行通电检查。

在通电检查时，要尽量使电动机和其所传动的机械部分脱开，将控制器和转换开关置于零位，限位开关还原到正常位置。然后用万用表检查电源电压是否正常，有无断相或严重不平衡的现象。再进行通电检查，检查的顺序为：先检查控制电路，后检查主电路；先检查辅助系统，后检查主传动系统；先检查交流系统，后检查直流系统；闭合开关，观察各电气元器件是否按要求动作，有否冒火、冒烟及熔断器熔断的现象，直至检查出发生故障的部位为止。

（三）机床电气控制电路故障检查的常用方法

根据故障现象判断故障的范围，检查故障的常用方法有电压测量法、电阻测量法及短接法等。

1．电压测量法

电压测量法指利用万用表电压档测量机床电路上某两点间的电压值来判断故障点或故障元器件的方法。电压测量法有分阶测量法和分段测量法两种。

（1）电压分阶测量法　电压分阶测量法如图6-7所示。

断开主电路，接通控制电路的电源。若按下起动按钮SB2，接触器KM1线圈不能得电吸合，则说明控制电路有故障。

检查时，把万用表调到交流电压500V档位上。首先用万用表测量1、7两点间的电压，若电压为380V，则说明控制电路的电源正常。然后按住起动按钮SB2不放，同时将黑表笔接到点7上不动，红表笔依次接到2、3、4、5、6各点上，分别测量2－7、3－7、4－7、5－7、6－7两点间的电压。根据测量结果即可找出故障原因，见表6-2。

这种测量方法如台阶一样依次测量电压，所以叫电压分阶测量法。

（2）电压分段测量法　电压分段测量法如图6-8所示。

断开主电路，接通控制电路的电源。若按下起动按钮SB2，接触器KM1线圈不能得电吸合，则说明控制电路有故障。

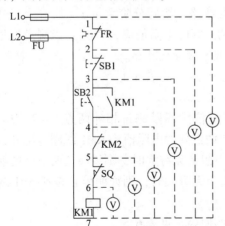

图6-7　电压分阶测量法

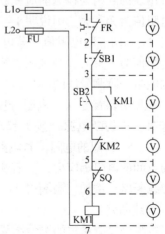

图6-8　电压分段测量法

表 6-2　电压分阶测量法查找故障原因

故障现象	测试状态	2-7	3-7	4-7	5-7	6-7	故障原因
按下 SB2 时，KM1 不吸合	按下 SB2 不放	0					FR 常闭触头接触不良
		380V	0				SB1 常闭触头接触不良
		380V	380V	0			SB2 常开触头接触不良
		380V	380V	380V	0		KM2 常闭触头接触不良
		380V	380V	380V	380V	0	SQ 常闭触头接触不良
		380V	380V	380V	380V	380V	KM1 线圈断路

检查时，把万用表调到交流电压 500V 档位上。首先用万用表测量 1、7 两点间的电压，若电压为 380V，则说明控制电路的电源正常。然后按住起动按钮 SB2 不放，同时用万用表的红、黑表笔逐段测量电路中相邻两点 1-2、2-3、3-4、4-5、5-6、6-7 间的电压。根据测量结果即可找出故障原因，见表 6-3。

表 6-3　电压分段测量法查找故障原因

故障现象	测试状态	1-2	2-3	3-4	4-5	5-6	6-7	故障原因
按下 SB2 时，KM1 不吸合	按下 SB2 不放	380V						FR 常闭触头接触不良
		0	380V					SB1 常闭触头接触不良
		0	0	380V				SB2 常开触头接触不良
		0	0	0	380V			KM2 常闭触头接触不良
		0	0	0	0	380V		SQ 常闭触头接触不良
		0	0	0	0	0	380V	KM1 线圈断路

2. 电阻测量法

电阻测量法指利用万用表的欧姆档测量机床电气控制电路上某两点间的电阻值来判断故障点或故障元器件的方法。电阻测量法也有分阶测量法和分段测量法两种。

（1）电阻分阶测量法　电阻分阶测量法如图 6-9 所示。

按下起动按钮 SB2，接触器 KM1 线圈不能得电吸合，则说明电路有断路故障。

用万用表的欧姆档检测前应先断开电源，然后按下 SB2 不放，先测量 1-7 两点间的电阻，若电阻值为无穷大，则说明 1-7 之间的电路有断路。然后分阶测量 1-2、1-3、1-4、1-5、1-6 两点间电阻值。若电路正常，则该两点间的电阻值应为 "0"；当测量到某两点间的电阻值为无穷大，则说明表笔刚跨过的触头或连接导线断路。

根据电阻分阶测量法的测量结果即可找出故障的原因，见表 6-4。

（2）电阻分段测量法　电阻分段测量法如图 6-10 所示。

检查时，先切断电源，按下起动按钮 SB2，然后依次逐段测量相邻两点 1-2、2-3、3-4、4-5、5-6 间的电阻。若电路正常，除 6-7 两点间的电阻值为 KM1 线圈电阻外，其余相邻两点间的电阻都应为零。若测得某两点间的电阻为无穷大时，则说明这两点间的触头或连接导线断路。例如，当测得 2-3 两点间电阻值为无穷大时，则说明停止按钮 SB1 或连接 SB1 的导线断路。

根据电阻分段测量法的测量结果即可找出故障的原因，见表 6-5。

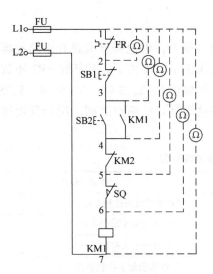

图 6-9　电阻分阶测量法

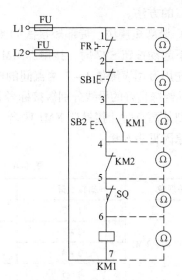

图 6-10　电阻分段测量法

表 6-4　电阻分阶测量法查找故障原因

故障现象	测试状态	1－2	1－3	1－4	1－5	1－6	故 障 原 因
按下 SB2 时， KM1 不吸合	按下 SB2 不放	∞					FR 常闭触头接触不良
		0	∞				SB1 常闭触头接触不良
		0	0	∞			SB2 常开触头接触不良
		0	0	0	∞		KM2 常闭触头接触不良
		0	0	0	0	∞	SQ 常闭触头接触不良
		0	0	0	0	0	KM1 线圈断路

表 6-5　电阻分段测量法查找故障原因

故障现象	测试状态	1－2	2－3	3－4	4－5	5－6	故 障 原 因
按下 SB2 时， KM1 不吸合	按下 SB2 不放	∞					FR 常闭触头接触不良
		0	∞				SB1 常闭触头接触不良
		0	0	∞			SB2 常开触头接触不良
		0	0	0	∞		KM2 常闭触头接触不良
		0	0	0	0	∞	SQ 常闭触头接触不良
		0	0	0	0	0	KM1 线圈断路

用电阻测量法检查故障时应注意以下几点：

1）用电阻测量法检查故障时一定要断开电源。

2）如被测电路与其他电路并联时，必须将该电路与其他电路断开，即断开寄生回路，否则所测得的电阻值是不准确的。

3）测量高电阻值的电气元器件时，应把万用表的选择开关旋转至合适欧姆档。

3. 短接法

短接法是指用导线将机床电路中两等电位点短接，以缩小故障范围，从而确定故障范围或故障点的方法。

（1）局部短接法　局部短接法如图6-11所示。

按下起动按钮SB2时，接触器KM1线圈不能得电吸合，则说明该电路有断路故障。检查前，先用万用表测量1-7两点间的电压值，若电压正常，可按下起动按钮SB2不放，然后用一根绝缘良好的导线分别短接标号相邻的两点，如短接1-2、2-3、3-4、4-5、5-6。当短接到某两点时，接触器KM1吸合，则说明断路故障就在这两点之间。用局部短接法查找故障原因见表6-6。

表6-6　局部短接法查找故障原因

故障现象	短接点标号	KM1动作	故障原因
按下SB2时，KM1不吸合	1-2	KM1吸合	FR常闭触头接触不良
	2-3	KM1吸合	SB1常闭触头接触不良
	3-4	KM1吸合	SB2常开触头接触不良
	4-5	KM1吸合	KM2常闭触头接触不良
	5-6	KM1吸合	SQ常闭触头接触不良

（2）长短接法　长短接法是指一次短接两个或多个触头检查断路故障的方法。长短接法如图6-12所示。

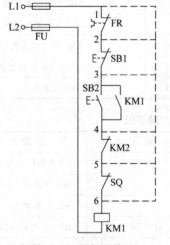

图6-11　局部短接法

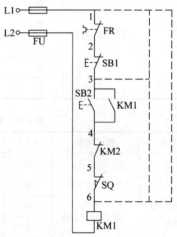

图6-12　长短接法

当FR的常闭触头和SB1的常闭触头同时接触不良，若用上述局部短接法短接1-2点，按下起动按钮SB2，KM1仍然不会吸合，这就会造成判断错误。而采用长短接法将1-6短接时，若KM1吸合，则说明1-6这段电路中有断路故障；然后再短接1-3和3-6，若短接1-3时KM1吸合，则说明故障在1-3范围内。再用局部短接法短接1-2和2-3，就能很快地排除电路的断路故障了。

应用长短接法可以把故障点缩小到一个较小的范围，将长短接法和局部短接法结合使用，可以很快地找出故障点。

用短接法检查故障时应注意以下几点：

1）短接法是手持绝缘导线带电操作的，所以一定要注意安全，避免触电事故的发生。

2）短接法只适用于检查压降极小的导线和触头之类的断路故障。对于压降较大的元器件，如电阻、线圈及绕组等断路故障，则不能采用短接法，否则会出现短路故障。

3）对于机床的某些重要部位，必须在保障电气设备或机械部位不会出现事故的情况下才能使用短接法。

思考与练习

1. 单项选择题

1）在 C6140T 型卧式车床控制电路中，照明回路的电压最可能是（　　）。

A. AC 380V　　　　B. AC 220V　　　　C. AC 110V　　　　D. AC 36V

2）在 C6140T 型卧式车床控制电路中，主轴电动机和冷却泵电动机的起动控制关系是（　　）。

A. 点动　　　　　B. 长动　　　　　C. 两地控制　　　　D. 顺序控制

3）在 C6140T 型卧式车床控制电路中，刀架快速移动电动机的控制方法是（　　）。

A. 点动　　　　　B. 长动　　　　　C. 两地控制　　　　D. 顺序控制

4）C6140T 型卧式车床主轴电动机采用（　　）制动方式。

A. 反接　　　　　B. 能耗　　　　　C. 电磁离合器　　　D. 电磁抱闸

5）在 C6140T 型卧式车床控制电路中，能耗制动控制时采用时间原则来切断直流电源，电路中所用的时间继电器属于（　　）延时型。

A. 通电　　　　　B. 断电　　　　　C. 以上均可　　　　D. 视控制要求而定

2. 判断题

1）C6140T 型卧式车床电气控制电路中，刀架快速移动电动机未设过载保护，是由于该电动机容量太小。　　　　　　　　　　　　　　　　　　　　　　　　　　　（　　）

2）C6140T 型卧式车床控制电路中，主轴电动机、冷却泵电动机未设短路保护和过载保护，是由于电源开关使用了低压断路器。　　　　　　　　　　　　　　　　　　（　　）

3）采用电阻测量法检查机床电气控制电路的故障时，电阻测量值为零，则表明电路无故障。　　　　　　　　　　　　　　　　　　　　　　　　　　　　　　　　　（　　）

3. C6140T 型卧式车床主轴电动机不能能耗制动，如何判断故障范围？

4. 在图 6-2 中，如果按下 SQ1 时，KT 能吸合，试分析主轴电动机不能能耗制动的可能原因。

任务二　X6132 型卧式万能铣床电气控制电路的分析与故障检修

一、任务描述

万能铣床是一种通用的多用途机床，可用来加工平面、斜面及沟槽等，装上分度头后，可以铣切直齿轮和螺旋面；加装圆工作台后，可以铣切凸轮和弧形槽。

本任务要求识读 X6132 型卧式万能铣床的电气原理图，能运用万用表检测并排除 X6132

型卧式万能铣床电气控制电路的常见故障。

二、任务目标

1）了解 X6132 型卧式万能铣床的工作状态及操作方法。

2）能识读 X6132 型卧式万能铣床的电气原理图，熟悉机床电气元器件的分布位置和走线情况。

3）能根据故障现象分析 X6132 型卧式万能铣床常见电气故障的原因，并确定故障范围。

4）能根据实际故障现象选择适当的故障检测方法，会用万用表检测并排除 X6132 型卧式万能铣床电气控制电路的常见故障。

三、任务实施

（一）X6132 型卧式万能铣床

1. X6132 型卧式万能铣床的结构

X6132 型卧式万能铣床主要由床身、悬梁、刀杆支架、工作台、溜板和升降台等几部分组成，其主要结构示意图如图 6-13 所示。

铣床的箱形的床身固定在底盘上，在床身内装有主轴传动机构及主轴变速操纵机构。在床身的顶部有水平导轨，其上装有带着一个或两个刀杆支架的悬梁。刀杆支架用来支承安装铣刀心轴的一端，而心轴的另一端则固定在主轴上。在床身的前方有垂直导轨，一端悬持的升降台可沿之作上下移动。在升降台上面的水平导轨上，装有可平行于主轴轴线方向移动（横向移动）的溜板。工作台可沿溜板上部转动部分的导轨在垂直与主轴轴线的方向移动（纵向移动）。这样，安装在工作台上的工件可以在三个方向调整位置或完成进给运动。此外，由于转动部分相对溜板可绕垂直轴线转动一个角度（通常为 ±45°），

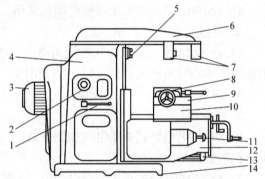

图 6-13　卧式万能铣床结构示意图
1—主轴变速手柄　2—主轴变速盘　3—主轴电动机
4—床身　5—主轴　6—悬架　7—刀杆支架
8—工作台　9—转动部分　10—溜板　11—进给变速手柄及变速盘　12—升降台　13—进给电动机　14—底盘

这样，工作台在水平面上除能平行或垂直于主轴轴线方向进给外，还能在倾斜方向进给，从而完成铣螺旋槽的加工。

2. X6132 型卧式万能铣床的运动情况

铣床的主运动是铣刀的旋转运动；进给运动是工件相对于铣刀的移动，工作台可左右、上下和前后作进给移动，工作台装上附件圆工作台还可作旋转进给移动。

工作台用来安装夹具和工件。在横向溜板上的水平导轨上，工作台可沿导轨作左、右移动。在升降台的水平导轨上，工作台可沿导轨作前、后移动。升降台可依靠丝杠，沿床身前面的导轨同工作台一起作上、下移动。

其他运动有：几个进给方向的快移运动；工作台上下、前后、左右的手摇移动；回转盘使工作台向左、右转动45°；悬梁及刀杆支架的水平移动。除几个进给方向的快移运动由电动机拖动外，其余均为手动。

进给速度与快移速度的区别是：进给速度低，快移速度高。两种速度的切换是在机械方面通过电磁离合器改变传动链来实现的。

3. 铣床加工对电气控制的要求

（1）主运动　铣床的主运动是铣刀的旋转运动，为满足顺铣和逆铣两种铣削加工方式的需要，要求主轴电动机能够实现正反转，但旋转方向不需要经常改变，仅在加工前预选主轴转动方向而在加工过程中不变换。主轴电动机在主电路中采用倒顺开关改变电源相序。

铣削加工是多刀多刃的不连续切削，易产生负载波动。为减轻负载波动的影响，往往在主轴传动系统中加入飞轮，使转动惯量加大，因此，为实现主轴快速停车，主轴电动机还应设有停车制动装置。同时，主轴在上刀时也应使主轴制动。为此，本铣床采用电磁离合器实现主轴停车制动和主轴上刀制动。

为适应铣削加工的需要，主轴转速与进给速度应有较宽的调节范围。X6132型卧式万能铣床采用了机械变速，通过改变变速齿轮的传动比来实现。为了保证变速时齿轮易于啮合，减少齿轮端面的冲击，还要求变速时电动机有冲动控制。

（2）进给运动　铣床的进给运动是工件相对于铣刀的移动，有上下、左右、前后三个相互垂直方向的运动，由同一台进给电动机拖动，而三个方向的选择是由操纵手柄改变传动链来实现的。每个方向又有正反向的运动，这就要求进给电动机能正反转。左右方向的运动为纵向运动，上下方向的运动为垂直(升降)运动，前后方向的运动为横向运动。

为了保证机床及刀具的安全，在铣削加工时，只允许工作台作一个方向的进给运动。在使用圆工作台加工时，不允许工件作纵向、横向和垂直方向的进给运动。为此，各方向进给运动之间还应具有联锁环节。

在铣削加工中，为了不使工件和铣刀发生碰撞事故，要求进给拖动一定要在铣刀旋转后才能进行，因此要求主轴电动机和进给电动机之间要有可靠的联锁，即进给运动要在铣刀旋转之后进行，加工结束后，必须在铣刀停转前停止进给运动。

为实现铣削加工时的冷却，还应有冷却泵电动机拖动冷却泵，供给冷却液。

为适应铣削加工时操作者的正面与侧面操作要求，对主轴电动机的起动与停止及工作台的快速移动控制，应具有两地操作的性能。

工作台上下、左右、前后六个方向的运动应设有限位保护。

在铣削加工中，根据不同的工件材料，同时也为了延长刀具的寿命和提高加工质量，需要冷却液对工件和刀具进行冷却润滑，而有时又不采用，因此应采用转换开关控制冷却泵电动机单向旋转。

综上所述，X6132型卧式万能铣床由三台三相笼型异步电动机拖动，即主轴电动机 M1、冷却泵电动机 M2 和进给电动机 M3。

4. X6132型卧式万能铣床电气原理图的识读

X6132型卧式万能铣床的电气原理图如图6-14所示。该机床共有三台三相异步电动机，其中主轴电动机 M1 采用直接起动，起动前通过万能转换开关预先选择正转或反转。电源开

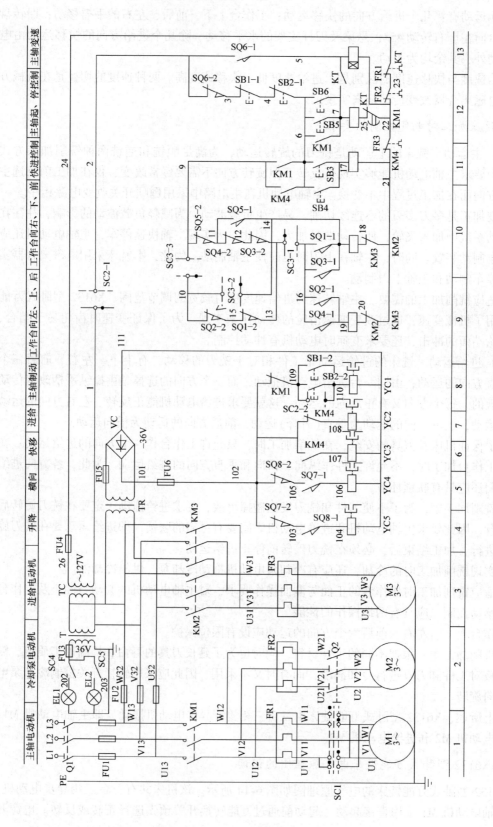

图6-14　X6132型卧式万能铣床电气原理图

关 Q1 将三相交流电源引入。主轴电动机 M1 由交流接触器 KM1 控制，实现直接起动，M1 的旋转方向由换向开关 SC1 根据加工要求设置。冷却泵电动机 M2 在主轴电动机 M1 起动后由开关 Q2 控制，实现单向旋转。由交流接触器 KM2 和 KM3 实现进给电动机 M3 的正反转。

由熔断器 FU1 实现主轴电动机 M1 和冷却泵电动机 M2 的短路保护，由熔断器 FU2 实现进给电动机 M3 的短路保护。

由热继电器 FR1、FR2、FR3 分别实现电动机 M1、M2、M3 的过载保护。

控制电路电源由控制变压器 TC 供给 AC 127V 电压，照明电路的电压和整流桥的输入电压为 AC 36V，即采用变压器 380V/127V、36V。

电路按功能划分成主轴电动机的控制、进给电动机的控制及照明电路的控制等几部分。

按照机床电路的识读方法，先"化整为零"，分析各部分电路的工作过程，再"集零为整"，综合考虑相互之间的联锁等环节。

（1）主轴电动机 M1 的控制　主轴电动机 M1 的控制主要有起动、正反转、制动及调速几项。

1）主轴电动机 M1 的起动控制。为了操作方便，主轴电动机 M1 的起动及停止采用两地操作，一处设在工作台的前面，另一处设在床身的侧面。起动前，先将主轴换向开关 SC1 旋转到所需要的旋转方向。主轴电动机的控制电路如图 6-15 所示。按下起动按钮 SB5 或 SB6，接触器 KM1 因线圈得电而吸合，其常开辅助触头 KM1（6 - 7）闭合，实现自锁，KM1 主触头闭合，电动机 M1 拖动主轴旋转。在主轴起动控制电路中串有热继电器 FR1（23 - 24）和 FR2（22 - 23）的常闭触头。这样，当主轴电动机 M1 和冷却泵电动机 M2 中有任一台电动机发生过载时，热继电器的常闭触头就会动作而使两台电动机都停止。

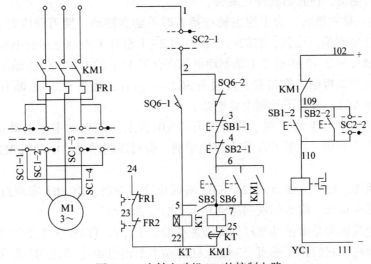

图 6-15　主轴电动机 M1 的控制电路

主轴起动的控制电路为：1→SC2 - 1→SQ6 - 2→SB1 - 1→SB2 - 1→SB5（或 SB6）→KM1 线圈→KT→22→FR2→23→FR1→24。

2）主轴电动机 M1 的正反转控制。主轴电动机 M1 的正反转控制是通过开关 SC1 根据加工要求预先设置的。SC1 有四对触头，开关在不同位置时不同的触头接通，其中 SC1 - 2、SC1 - 3 这两对触头把正向电源引入电动机 M1 的定子绕组，另两对触头 SC1 - 1、SC1 - 4 把反向电源引入电动机 M1 的定子绕组。

3）主轴电动机 M1 的调速控制和主轴变速冲动。主轴电动机的调速是采用机械变速，通过改变变速箱的传动比来实现。当主轴需要变速时，首先将变速盘上的变速手柄拉出，然后转动变速盘，选好速度后再将变速手柄推回。重新起动后，主轴电动机便在新的速度下运转了。

为保证变速时齿轮易于啮合，减少齿轮端面的冲击，还设置了变速冲动环节。在把变速手柄推回原来位置的过程中，通过机械装置使冲动开关 SQ6 - 1 闭合一次，SQ6 - 2 断开一次。因 SQ6 - 2 断开，切断了 KM1 接触器自锁回路，SQ6 - 1 瞬时闭合，时间继电器 KT 线圈得电，其常开触头 KT(5 -7) 瞬时闭合，使接触器 KM1 瞬时通电，从而使主轴电动机 M1 瞬时转动，以利于变速齿轮进入啮合位置；同时时间继电器常闭触头 KT(25 -22) 延时断开 KM1 接触器线圈电路，从而防止了由于操作者延长推回手柄的时间而导致电动机冲动时间过长、变速齿轮转速高而发生打坏轮齿的现象。

主轴旋转过程中需变速时，不必先按停止按钮再变速。这是因为当将变速手柄推回原来位置的过程中，通过机械装置可使 SQ6 - 2 触头断开，从而使接触器 KM1 因线圈断电而释放，主轴电动机 M1 停止转动。

4）主轴电动机 M1 的制动控制。主轴电动机 M1 的制动控制分为停车制动和换刀制动两种情况。

① 主轴的停车制动。按下停止按钮 SB1 或 SB2，它们的常闭触头 SB1 - 1 或 SB2 - 1 断开，接触器 KM1 因线圈断电而释放，但主轴电动机因惯性仍然在旋转。按停止按钮时应按到底，这时它们的常开触头 SB1 - 2 或 SB2 - 2 闭合，主轴制动离合器 YC1 因线圈得电而吸合，对主轴进行制动，使其迅速停止旋转。

② 主轴换刀时的制动。为了使主轴在换刀时不随意转动，换刀前应对主轴进行制动。将转换开关 SC2 扳到换刀位置，它的一个触头 SC2 - 1 断开了控制电路的电源，以保证人身安全；另一个触头 SC2 - 2 接通了主轴制动电磁离合器 YC1 的电源，使主轴不能转动。换刀后再将转换开关 SC2 扳回工作位置，使触头 SC2 - 1 闭合，触头 SC2 - 2 断开，从而断开了主轴制动离合器 YC1，接通了控制电路电源。

（2）进给电动机 M3 的控制　将电源开关 Q1 合上，先起动主轴电动机 M1，接触器 KM1 线圈得电吸合自锁，再操作工作台进给手柄，就可以起动进给电动机 M3，实现工作台各个方向的运动。

进给电动机 M3 通过接触器 KM2、KM3 实现正反转控制，由 FR3 实现过载保护。进给运动有左右的纵向运动、前后的横向运动和上下的垂直运动。

工作台的直线运动是由传动丝杠的旋转带动的。工作台可以在 3 个坐标轴上运动，因此设有 3 根传动丝杠，它们相互垂直。3 根丝杠的动力都由进给电动机 M3 提供。3 个轴向离合器中哪一个挂上，进给电动机就将动力传给哪一个丝杠。例如，工作台操作手柄扳到向上或向下位置时，传动机构就将垂直离合器(YC5)挂上，电动机就带动垂直丝杠转动，使工作台向上或向下运动。若进给电动机正向旋转，工作台就向下运动；若进给电动机反向旋转，工作台就向上运动。因此工作台运动方向的选择就是机械离合器的选择和电动机转向选择的结合。而操纵手柄扳向的位置，既确定了哪个离合器被挂上，又确定了进给电动机的转向，因而确定了工作台的运动方向。

同一台进给电动机拖动工作台 6 个方向运动的示意图如图 6-16 所示。

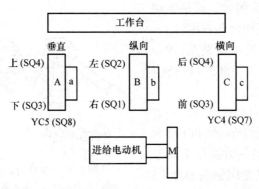

图6-16　进给电动机拖动工作台6个方向运动示意图

1）工作台纵向（左、右）进给运动的控制。先将圆工作台的万能转换开关SC3扳到"断开"位置，这时，万能转换开关SC3各触头的通断情况见表6-7。

表6-7　圆工作台万能转换开关SC3触头的通断情况

触　头	圆工作台位置	
	接通	断开
SC3 – 1（13 – 16）	–	+
SC3 – 2（10 – 14）	+	–
SC3 – 3（9 – 10）	–	+

注：表中"+"表示触头闭合，"-"表示触头断开。

由于SC3 – 1闭合，SC3 – 2断开，SC3 – 3闭合，所以这时工作台的纵向、横向和垂直进给的控制电路如图6-17所示。

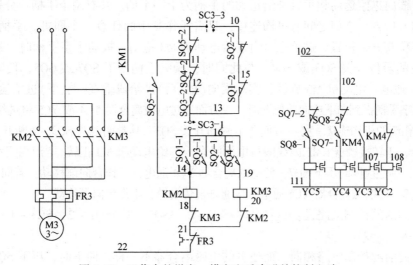

图6-17　工作台的纵向、横向和垂直进给控制电路

如图6-18所示，将工作台纵向运动手柄扳到右边位置时，一方面机械机构将进给电动机的传动链和工作台纵向移动机构相连接；另一方面压下向右进给的微动开关SQ1，其常闭触头SQ1 – 2断开，常开触头SQ1 – 1闭合。触头SQ1 – 1的闭合使正转接触器KM2因线圈

得电而吸合，KM2 主触头闭合，进给电动机 M3 正向旋转，拖动工作台向右移动。

工作台向右进给的控制电路是：9→SQ5 – 2→SQ4 – 2→SQ3 – 2→SC3 – 1→SQ1 – 1→KM2 线圈→KM3→21。

当将纵向进给手柄向左扳动时，一方面机械机构将进给电动机的传动链和工作台纵向移动机构相连接；另一方面压下向左进给的微动开关 SQ2，其常闭触头 SQ2 – 2 断开，常开触头 SQ2 – 1 闭合，触头 SQ2 – 1 的闭合使反转接触器 KM3 因线圈得电而吸

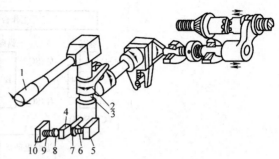

图 6-18　工作台纵向进给操纵机构图
1—手柄　2—叉子　3—垂直轴　4—压块　5—微动开关 SQ1
6、9—弹簧　7、8—可调螺钉　10—微动开关 SQ2

合，KM3 主触头闭合，进给电动机 M3 反向转动，拖动工作台向左移动。

工作台向左进给的控制电路是：9→SQ5 – 2→SQ4 – 2→SQ3 – 2→SC3 – 1→SQ2 – 1→KM3 线圈→KM2→21。

当将纵向进给手柄扳回到中间位置（或称零位）时，一方面纵向运动的机械机构脱开；另一方面微动开关 SQ1 和 SQ2 都复位，它们的常开触头断开，接触器 KM2 和 KM3 断电释放，进给电动机 M3 停止，工作台也随之停止。

在工作台的两端各有一块挡铁，当工作台移动到挡铁碰到纵向进给手柄的位置时，会使纵向进给手柄回到中间位置，实现自动停车。这就是终端限位保护。调整挡铁在工作台上的位置，就可以改变停车的终端位置。

2）工作台横向（前、后）和垂直（上、下）进给运动的控制。首先也要将圆工作台开关 SC3 扳到"断开"位置。

工作台横向进给运动和垂直进给运动的手柄为十字手柄。共有两个手柄，分别装在工作台左侧的前、后方。它们之间有机构连接，只需操作其中的任意一个即可。手柄有上、下、前、后和零位共五个位置。进给也是由进给电动机 M3 拖动。扳动十字手柄时，通过联动机构压下相应的限位开关 SQ3 或 SQ4，与此同时，操纵手柄压下 SQ7 或 SQ8，使电磁离合器 YC4 或 YC5 通电，电动机 M3 旋转，实现横向（前、后）进给或垂直（上、下）进给运动。

当将十字手柄扳到向下或向前位置时，一方面通过电磁离合器 YC4 或 YC5 将进给电动机 M3 的传动链和相应的机构连接。另一方面压下微动开关 SQ3，其常闭触头 SQ3 – 2 断开，常开触头 SQ3 – 1 闭合，正转接触器 KM2 因线圈得电而吸合，进给电动机 M3 正转。当十字手柄压下 SQ3 时，若向前，则还应同时压下 SQ7，使电磁离合器 YC4 通电，工作台向前移动；若向下，则还应同时压下 SQ8，使电磁离合器 YC5 通电，接通垂直传动链，工作台向下移动。

向下、向前的控制电路是：6→KM1→SC3 – 3→SQ2 – 2→SQ1 – 2→SC3 – 1→SQ3 – 1→KM2 线圈→KM3→21。

向下、向前的控制电路相同，而通电的电磁离合器不一样。向下时，压下 SQ8，电磁离合器 YC5 通电；向前时，压下 SQ7，电磁离合器 YC4 通电，从而改变传动链和运动方向。

当将十字手柄扳到向上或向后位置时，一方面压下微动开关 SQ4，其常闭触头 SQ4 – 2 断开，常开触头 SQ4 – 1 闭合，反转接触器 KM3 因线圈得电而吸合，KM3 主触头闭合，进给电动机 M3 反向转动。另一方面操纵手柄压下微动开关 SQ7 或 SQ8，若向后，则应压下

SQ7，使 YC4 通电，接通向后的传动链，在进给电动机 M3 的反向转动下，工作台向后移动；若向上，则应压下 SQ8，使电磁离合器 YC5 通电，接通向上的传动链，在进给电动机 M3 的反向转动下，工作台向上移动。

向上、向后的控制电路是：6→KM1→SC3 – 3→SQ2 – 2→SQ1 – 2→SC3 – 1→SQ4 – 1→KM3 线圈→KM2→21。

向上、向后的控制电路相同，进给电动机 M3 反转，而通电的电磁离合器不一样。向上时，在压下 SQ4 的同时压下 SQ8，电磁离合器 YC5 通电；向后时，在压下 SQ4 的同时压下 SQ7，电磁离合器 YC4 通电，从而改变传动链和运动方向。

当手柄回到中间位置时，机械机构都已脱开，各开关也都已复位，接触器 KM2 和 KM3 都断电释放，所以进给电动机 M3 停止，工作台也停止。

工作台前后移动和上下移动均有限位保护。其原理和前面介绍的纵向移动限位保护的原理相同。

总结六个方向的进给运动如下：

向右进给时，SQ1 – 1 闭合→KM2 线圈得电→M3 得电正转。

向左进给时，SQ2 – 1 闭合→KM3 线圈得电→M3 得电反转。

向上、下进给时，SQ8 – 1 闭合→YC5 得电，进给电动机的传动机构与垂直方向传动机构相连。

向前、后进给时，SQ7 – 1 闭合→YC4 得电，进给电动机的传动机构与横向传动机构相连。

向下、前进给时，SQ3 – 1 闭合→KM2 线圈得电→M3 得电正转。

向上、后进给时，SQ4 – 1 闭合→KM3 线圈得电→M3 得电反转。

3）工作台的快速移动。在进行对刀时，为了缩短对刀时间，应快速调整工作台的位置，也就是让工作台快速移动。快速移动的控制电路如图 6-19 所示。

主轴起动以后，将工作台进给手柄扳到所需的运动方向，工作台就按操作手柄指定的方向做进给运动。这时若按下快速移动按钮 SB3 或 SB4，接触

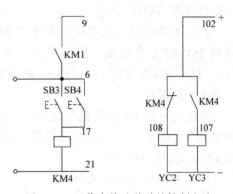

图 6-19 工作台快速移动的控制电路

器 KM4 因线圈得电而吸合，KM4 在直流电路中的常闭触头 KM4(102 – 108)断开，进给电磁离合器 YC2 断电。KM4 在直流电路中的常开触头 KM4(102 – 107)闭合，快速移动电磁离合器 YC3 通电，接通快速移动传动链。工作台按原操作手柄指定的方向快速移动。当松开快速移动按钮 SB3 或 SB4 时，接触器 KM4 因线圈断电而释放。快速移动电磁离合器 YC3 因 KM4 的常开触头 KM4(102 – 107)断开而脱离，进给电磁离合器 YC2 因 KM4 的常闭触头 KM4(102 – 108)闭合而接通进给传动链，工作台就以原进给的速度和方向继续移动。

4）进给变速冲动。为了使进给变速时齿轮容易啮合，进给也有变速冲动。进给变速冲动控制电路如图 6-20 所示。变速前也应先起动主轴电动机 M1，使接触器 KM1 线圈得电吸合，它在进给变速冲动控制电路中的常开触头 KM1(6 – 9)闭合，为变速冲动做准备。

变速时将变速盘往外拉到极限位置，再把它转到所需的速度，然后将变速盘往里推。在推的过程中挡块压一下微动开关 SQ5，其常闭触头 SQ5-2 断开一下，同时，其常开触头 SQ5-1 闭合一下，接触器 KM2 短时吸合，进给电动机 M3 就转动一下。当将变速盘推到原位时，变速后的齿轮已经顺利啮合。

变速冲动的控制电路是：6→KM1→SC3-3→SQ2-2→SQ1-2→SQ3-2→SQ4-2→SQ5-1→KM2 线圈→KM3→21。

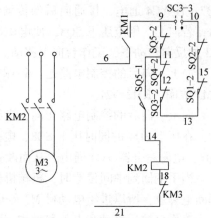

图 6-20　进给变速冲动控制电路

5）圆工作台的控制。圆工作台是铣床的附件。在铣削圆弧和凸轮等曲线时，可在工作台上安装圆工作台进行铣切。圆工作台工作时的控制电路如图 6-21 所示，圆工作台由进给电动机 M3 经纵向传动机构拖动，在拖动圆工作台工作前，先将圆工作台转换开关 SC3 扳到"接通"位置，由表 6-7 可知，SC3 的触头 SC3-1 断开，SC3-2 闭合，SC3-3 断开。工作台的进给操作手柄都扳到中间位置。按下主轴起动按钮 SB5 或 SB6，接触器 KM1 线圈得电吸合并自锁，KM1 辅助常开触头 KM1(6-9)闭合，接触器 KM2 线圈也紧接着得电吸合，进给电动机 M3 正向转动，拖动圆工作台转动。因为只有接触器 KM2 吸合，KM3 不能吸合，所以圆工作台只能沿一个方向转动。

圆工作台的控制电路是：6→KM1→SQ5-2→SQ4-2→SQ3-2→SQ1-2→SQ2-2→SC3-2→KM2 线圈→KM3→21。

（3）照明电路　照明变压器 T 将 380V 的交流电压降到 36V 的安全电压，供照明用。照明电路由开关 SC4、SC5 分别控制灯 EL1、EL2。熔断器 FU3 用做照明电路的短路保护。

整流变压器 TR 输出低压交流电，经桥式整流电路供给五个电磁离合器 36V 直流电源。控制变压器 TC 输出 127V 交流控制电压。

（4）控制电路的联锁与保护　X6132 型卧式万能铣床的运动较多，电气控制电路较为复杂，为使其安全可靠地工作，电路必须具有完善的联锁与保护环节。

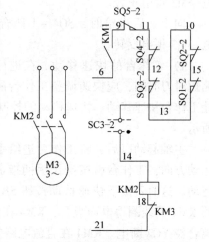

图 6-21　圆工作台工作时的电路

1）主运动与进给运动的顺序联锁。只有主轴电动机 M1 起动后才可能起动进给电动机 M3。主轴电动机起动时，接触器 KM1 吸合并自锁，KM1 常开辅助触头 KM1(6-9)闭合，进给控制电路才有电压。这时才可能使接触器 KM2 或 KM3 吸合，从而起动进给电动机 M3。如果工作中的主轴电动机 M1 停止，进给电动机也立即跟着停止。这样，就可以防止主轴不转时，工件与铣刀相撞而损坏机床的事故。

2）工作台 6 个运动方向的联锁。铣床工作时，只允许工作台一个方向的运动，因为工作台两个以上方向同时进给容易造成事故。由于工作台的左右移动由一个纵向进给手柄控制，同一时间内不会又向左又向右。工作台的上、下、前、后由同一个十字手柄控制，同一时间内这 4 个方向也只能进行一个方向的进给。所以只要保证两个操纵手柄都不在零位时，工作台不会沿两个方向同时进给即可。控制电路中的联锁解决了这一问题。在联锁电路中，将纵向进给手柄可能压下的微动开关 SQ1 和 SQ2 的常闭触头 SQ1 - 2 和 SQ2 - 2 串联在一起，再将垂直进给和横向进给的十字手柄可能压下的微动开关 SQ3 和 SQ4 的常闭触头 SQ3 - 2 和 SQ4 - 2 串联在一起，并将这两个串联电路再并联起来，以控制接触器 KM2 和 KM3 的线圈回路。如果两个操作手柄都不在零位，则有不同的支路的两个微动开关被压下，其常闭触头的断开使两条并联的支路都断开，进给电动机 M3 因接触器 KM2 和 KM3 的线圈都不能得电而不能转动。

进给变速时，两个进给操纵手柄都必须在零位。为了安全起见，进给变速冲动时不能有进给运动，当进给变速冲动时，短时间压下微动开关 SQ5，其常闭触头 SQ5 - 2 断开，其常开触头 SQ5 - 1 闭合。两个进给手柄可能压下进给变速冲动控制电路中的微动开关 SQ1 或 SQ2、SQ3 或 SQ4 四个常闭触头而 SQ1 - 2、SQ2 - 2、SQ3 - 2 和 SQ4 - 2 是串联在一起的，如果有一个进给操纵手柄不在零位，则会因微动开关常闭触头的断开而使接触器 KM2 不能吸合，进给电动机 M3 也就不能转动，从而防止了进给变速冲动时工作台的移动。

3）圆工作台的转动与工作台的进给运动不能同时进行。由图 6-21 可知，当圆工作台的转换开关 SC3 转到"接通"位置时，因微动开关的常闭触头 SQ1 - 2、SQ2 - 2、SQ3 - 2 或 SQ4 - 2 是串联在一起的，如果有一个进给操作手柄不在零位，微动开关的常闭触头就会断开，从而使接触器 KM2 不能吸合，进给电动机 M3 不能转动，圆工作台也就不能转动。只有两个操作手柄都恢复到零位，进给电动机 M3 方可旋转，圆工作台方可转动。

（二）X6132 型卧式万能铣床电气控制电路常见电气故障的检修方法

1. 主轴电动机 M1 不能起动

（1）故障现象　闭合电源开关 Q1，按下起动按钮 SB5 或 SB6，KM1 线圈不能得电吸合，M1 不能起动。

（2）原因分析　首先检测控制电路有没有 127V 电源电压，检查控制变压器一次电压及电源进线。若有 127V 电压，再检查主轴制动开关 SC2 是否在断开位置。经过上述检测以后，若主轴电动机 M1 仍不能起动，则故障原因有如下几点：

1）SQ6 - 2、SB1 - 1、SB2 - 1、SB5、SB6 及 KT 延时触头中任一个接触不良或者接线断路。

2）热继电器 FR1、FR2 动作后没有复位，从而导致它们的常闭触头不能接通。

3）接触器 KM1 线圈断路。

（3）检修步骤　首先用万用表电压档测量控制变压器一次侧是否有 380V 电压输入。如果没有，检查电路 L2→Q1→FU1→FU2→变压器和 L3→Q1→FU1→FU2→变压器是否存在断路故障。

如果有 380V 电压输入，则应再测量变压器二次侧是否有 127V 电压输出，若没有，则变压器有故障；若有，则用电阻测量法检查 KM1 线圈回路中有无断路故障存在，即

1→SC2 - 1→2→SQ6 - 2→3→SB1 - 1→4→SB2 - 1→6

$\rightarrow \begin{cases} \text{SB5;} \\ \text{SB6}→7→\text{KM1 线圈}→25→\text{KT}(25 - 22)→22→\text{FR2}→23→\text{FR1}→24→\text{FU4}→26; \\ \text{KM1}(6 - 7)。 \end{cases}$

注意： 应用电阻测量法测量时应避免寄生回路。

2. 工作台各个方向都不能进给

（1）故障现象　扳动操作手柄至左右、前后、上下位置，工作台都不能进给。即压下 SQ1 或 SQ3 时，KM2 线圈不能得电吸合，压下 SQ2 或 SQ4 时，KM3 线圈不能得电吸合。

（2）原因分析　扳动操作手柄至左右、前后、上下位置，工作台都不能进给，则故障原因应该在公共支路中，如 KM1 的辅助触头 KM1(6-9) 接触不良、热继电器 FR3 动作后没有复位等。

（3）检修步骤　首先检查圆工作台的控制开关 SC2 是否在"断开"位置。若没问题，接着检查控制主轴电动机的接触器 KM1 是否已吸合动作。如果接触器 KM1 不能得电，则表明控制电路电源有故障，可检测控制变压器 TC 的一、二次电压和电源电压是否正常，熔断器是否熔断。待电源电压正常、接触器 KM1 吸合、主轴旋转后，若各个方向仍无进给运动，可扳动进给操作手柄至各个运动方向，观察相关的接触器是否吸合。若吸合，则表明故障发生在主电路和进给电动机上，常见的故障有接触器主触头接触不良、接线脱落、机械卡死、电动机接线脱落和电动机绕组断路等。

3. 工作台能够左、右和前、下运动而不能后、上运动

由于工作台能左右运动，所以 SQ1-1、SQ2-1 没有故障；由于工作台能够向前、向下运动，所以 SQ7、SQ8、SQ3-1 没有故障，因此，故障的可能原因是限位开关 SQ4 的常开触头 SQ4-1 接触不良。

4. 工作台能够左、右和前、后运动而不能上、下运动

由于工作台能左右运动，所以 SQ1、SQ2 没有故障；由于工作台能前后运动，所以 SQ3、SQ4、SQ7、YC4 没有故障，因此故障可能的原因是 SQ8 常开触头接触不良或 YC5 线圈损坏。

5. 圆工作台不能工作

圆工作台不工作时，应将圆工作台转换开关 SC3 置于"断开"位置，检查纵向和横向进给是否正常，排除四个位置开关(SQ1~SQ4)常闭触头之间联锁的故障。当纵向和横向进给正常后，圆工作台不工作的故障只能在 SC3-2 触头或其连线上。

（三）检修实例

以 X6132 型铣床主轴电动机 M1 不能起动的故障为例，说明故障检修过程。

（1）故障现象　主轴电动机不能起动，KM1 线圈不得电。

（2）故障范围分析　首先用万用表电压档测量变压器 TC 是否有 380V 电压输入，如果没有，故障范围在以下电路中，如图 6-22 所示。

L2→Q1→V13→FU1→V13→FU2→V32→TC

L3→Q1→W13→FU1→W13→FU2→W32→TC

如果有 380V 输入，测量变压器是否有 127V 输出，没有则变压器有故障；如果有则故障范围在以下电路中，如图 6-23 所示。

$$1 \to SC2-1 \to 2 \to SQ6-2 \to 3 \to SB1-1 \to 4 \to SB2-1 \to 6 \to \begin{cases} SB5 \\ SB6 \to 7 \to KM1 \text{ 线圈} \to KT(25-22) \to \\ KM1(6-7) \end{cases}$$

$$\to 22 \to FR2 \to 23 \to FR1 \to 24 \to FU4 \to 26$$

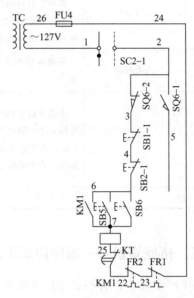

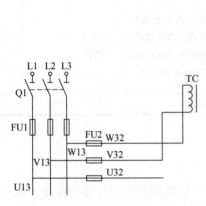

图 6-22　电源、变压器回路图　　　　图 6-23　主轴控制接触器 KM1 得电回路

（3）故障测量　（假设 SB1 – 1 下端的 4 断开）用万用表测量图 6-23 所示电路。

1）电阻法。断开 FU4，按下 SB5、SB6 或 KM1 常开，将一根表笔固定在 TC 的 1 上，另外一根表笔依次测量 1、2、3、4、5、6、7，正常情况下电阻值应近似为 0；25、22、23、24 正常情况下电阻值应近似为 KM1 线圈的电阻值；按照假设测到 3 时电阻值应近似为 0，测到 SB2 – 1 的 4 时电阻值应近似为 ∞。

2）电压法。按下 SB5、SB6 或 KM1 常开，将一根表笔固定在 TC 的 26 上，另外一根表笔依次测量 1、2、3、4、5、6、7、25、22、23、24，正常情况下电压值应近似为 127V，按照假设测到 3 时电压值应近似为 127V，测到 SB2 – 1 的 4 时电压值应为 0。

确定故障点：SB1 – 1 到 SB2 – 1 的 4。

四、技能考核——X6132 型卧式万能铣床电气控制电路的故障检修

（一）考核任务

在 X6132 型卧式万能铣床电气控制电路中设置 1 ~ 2 个故障点，让学生观察故障现象，在限定时间内分析故障原因和故障范围，用电阻测量法或电压测量法等方法进行故障的检查与排除。

（二）考核要求及评分标准

在 30min 内排除两个 X6132 型卧式万能铣床电气控制电路的故障。评分标准见表 6-8。

表6-8　X6132型卧式万能铣床电气故障检修评分标准

序号	项目	评分标准	配分	扣分	得分
1	观察故障现象	两个故障，观察不出故障现象，每个扣10分	20		
2	故障分析	分析和判断故障范围，每个故障占20分 对每个故障的范围判断不正确，每次扣10分 范围判断过大或过小，每超过一个元器件或导线标号扣5分，直至扣完这个故障的20分为止	40		
3	故障排除	正确排除两个故障，不能排除的故障，每个扣20分	40		
4	其他	不能正确使用仪表扣10分；拆卸无关的元器件、导线端子，每次扣5分；扩大故障范围，每个故障扣5分；违反电气安全操作规程，造成安全事故者酌情扣分；修复故障过程中超时，每超时5min扣5分	从总分倒扣		
开始时间		结束时间		成绩		评分人	

五、拓展知识——顺序控制电路

在生产实际中，有些设备往往要求多台电动机按一定的顺序实现起动和停止，如平面磨床就要求先起动油泵电动机，再起动主轴电动机。本任务中，铣床进给电动机必须在主轴电动机起动后才能起动。生产机械除要求按顺序起动外，有时还要求按一定的顺序停止，如带式输送机，前面的第一台运输机先起动，再起动后面的第二台；停车时应先停第二台，再停第一台，这样才不会造成物料在传送带上的堆积和滞留。

图6-24所示为两台电动机的顺序控制电路，其中图6-24a为两台电动机顺序控制主电路，图6-24b为顺序起动电路，闭合上电源开关QS，按下起动按钮SB2，KM1线圈得电吸合自锁，电动机M1起动旋转，同时串在KM2线圈回路中的KM1辅助常开触头闭合，此时

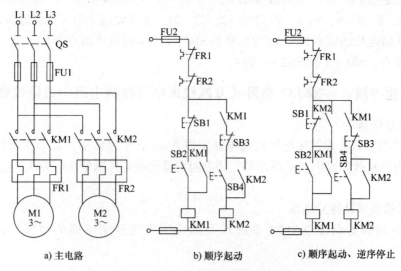

a) 主电路　　　　b) 顺序起动　　　　c) 顺序起动、逆序停止

图6-24　两台电动机的顺序控制电路

再按下按钮 SB4，KM2 线圈得电吸合自锁，电动机 M2 才可起动旋转。如果先按下按钮 SB4，因 KM1 辅助常开触头断开，电动机 M2 就不可能先起动，如此便达到了按顺序起动 M1、M2 的目的。

图 6-24c 为顺序起动、逆序停止的控制电路，在图 6-24b 所示电路的基础上，将接触器 KM2 的辅助常开触头并联在电动机 M1 停止按钮 SB1 的两端，这样，即使先按下 SB1，由于 KM2 线圈仍通电，电动机 M1 不会停转，只有按下 SB3，电动机 M2 先停转后，再按下 SB1 才能使 M1 停转，从而达到先停 M2、后停 M1 的目的。

在许多顺序控制中，还要求有一定的时间间隔，此时往往采用时间继电器来实现。图 6-25 就是利用时间继电器控制的电动机顺序起动电路，闭合电源开关，按下起动按钮 SB2，KM1、KT 同时通电并自锁，电动机 M1 起动运转；当通电延时型时间继电器 KT 延时时间到达，其延时闭合的常开触头闭合，KM2 线圈得电自锁，电动机 M2 起动旋转；同时 KM2 辅助常闭触头断开，将时间继电器 KT 线圈电路切断，KT 不再工作，使 KT 仅在起动时起作用，尽量减少了设备运行时电器的使用数量。

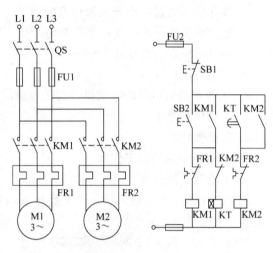

图 6-25　时间继电器控制的电动机顺序起动电路

思考与练习

1. 单项选择题

1）X6132 型卧式万能铣床主轴电动机 M1 要求正反转，不用接触器控制而用万能转换开关控制，是因为（　　）。

A. 改变转向不频繁　　B. 接触器易损坏　　C. 操作安全方便　　D. 以上都不是

2）为了保证工作可靠，电磁离合器 YC1、YC2、YC3 、YC4 、YC5 采用了（　　）电源。

A. 交流　　　　　　B. 直流　　　　　　C. 高频交流　　　　D. 低频交流

3）X6132 型卧式万能铣床主轴电动机的制动是（　　）。

A. 反接制动　　　　B. 能耗制动　　　　C. 电磁离合器制动　D. 电磁抱闸制动

4）在 X6132 型卧式万能铣床控制电路中，快速移动电磁离合器的控制方式是（　　）。

A. 点动　　　　　　B. 长动　　　　　　C. 两地控制　　　　D. 点动和两地控制

5）在 X6132 型卧式万能铣床控制电路中，当工作台正在向左运动时突然扳动十字手柄向上，则工作台（　　）。

A. 继续向左运动　　B. 向上运动　　　　C. 停止　　　　　　D. 同时向左和向上运动

6）甲乙两个接触器，若要求甲接触器工作后方允许乙接触器工作，则应（　　）。

A. 在乙接触器的线圈回路中串入甲接触器的常开触头

B. 在乙接触器的线圈回路中串入甲接触器的常闭触头

C. 在甲接触器的线圈回路中串入乙接触器的常闭触头

D. 在甲接触器的线圈回路中串入乙接触器的常开触头

7) X6132 型铣床的主轴为满足顺铣和逆铣工艺要求，需正反转控制，采用的方法是（　　　）。

A. 操作前，通过转换开关进行方向预选

B. 通过正反接触器改变相序控制电动机正反转

C. 通过机械方法改变其传动链

D. 其他方法

8) 工作台进给运动的电动机没有采取制动措施，是因为（　　　）。

A. 电动机惯性小　　　　　　　　　B. 速度不高且用丝杠传动

C. 有机械制动　　　　　　　　　　D. 控制简单

9) 若主轴未启动，工作台（　　　）。

A. 不能有任何进给　　B. 可以进给　　　C. 可以快速进给　　D. 只能一个方向进给

10) 当用圆工作台加工时，两个操作手柄均置于零位，万能转换开关 SC3 置于圆工作台位置，则有（　　　）。

A. SC3 – 1、SC3 – 2 断开，SC3 – 3 闭合

B. SC3 – 1、SC3 – 3 断开，SC3 – 2 闭合

C. SC3 – 2、SC3 – 3 断开，SC3 – 1 闭合

D. SC3 – 3 断开，SC3 – 1、SC3 – 2 闭合

2. 判断题

1) X6132 型卧式万能铣床主轴电动机为满足顺铣和逆铣的工艺要求，要求有正反转控制，采用的方法是通过选择开关预置。（　　　）

2) X6132 型卧式万能铣床主轴电动机和进给电动机控制电路中，设置变速冲动是为了机床润滑的需要。（　　　）

3) X6132 型卧式万能铣床的主轴电动机未起动时，工作台也可以实现快速移动。

（　　　）

4) 对于 X6132 型卧式万能铣床，为了避免损坏刀具和机床，要求电动机 M1、M2、M3 中有一台过载，三台电动机都必须停止运行。（　　　）

5) 在 X6132 型卧式万能铣床的控制电路中，主轴电动机采用自由停车方式。（　　　）

6) 在 X6132 型卧式万能铣床的控制电路中，主轴电动机的起动和制动是两地控制的。

（　　　）

7) 在 X6132 型卧式万能铣床控制电路中，同一时间内工作台的左、右、上、下、前、后及旋转这七个运动中只能存在一个。（　　　）

8) 在 X1632 型卧式万能铣床的控制电路中，当圆工作台正在旋转时扳动纵向手柄或十字手柄中的任意一个，圆工作台都将停止旋转。（　　　）

3. 若 X6132 型卧式万能铣床的工作台只能左、右和前、下运动，不能进行后、上运动，故障原因是什么？若工作台能左、右、前、后运动，不能进行上、下运动，故障原因又是什么？

任务三　Z3040 型摇臂钻床电气控制电路的分析与故障检修

一、任务描述

钻床是一种用途广泛的万能机床。钻床的结构形式很多，有立式钻床、卧式钻床、深孔钻床及多轴钻床等。摇臂钻床是一种立式钻床，在钻床中具有一定的代表性，主要用于对大型零件进行钻孔、扩孔、铰孔和攻螺纹等，适用于成批或单件生产的机械加工车间。

本任务要求识读 Z3040 型摇臂钻床的电气原理图，能运用万用表检测并排除 Z3040 型摇臂钻床电气控制电路的常见故障。

二、任务目标

1）了解 Z3040 型摇臂钻床的工作状态及操作方法。

2）能识读 Z3040 型摇臂钻床的电气原理图，熟悉钻床电气元器件的分布位置和走线情况。

3）能根据故障现象分析 Z3040 型摇臂钻床常见电气故障的原因，并能确定故障范围。

4）能按照正确的检测步骤用万用表检查并排除 Z3040 型摇臂钻床的常见电气故障。

三、任务实施

（一）Z3040 型摇臂钻床

1. Z3040 型摇臂钻床的结构

摇臂钻床一般由底座、内外立柱、摇臂、主轴箱和工作台等部件组成，如图 6-26 所示。

内立柱固定在底座的一端，外立柱套在内立柱上，并可绕内立柱回转 360°。摇臂的一端为套筒，它套在外立柱上，借助升降丝杠的正反向旋转，摇臂可沿外立柱上下移动。摇臂升降螺母固定在摇臂上，所以摇臂只能与外立柱一起绕内立柱回转。主轴箱是一个复合的部件，它由主轴电动机、主轴和主轴传动机构、进给和变速机构以及机床的操作机构等部分组成。主轴箱安装在摇臂的水平导轨上，通过手轮操作可使主轴箱沿摇臂水平导轨作径向运动。这样，主轴就可通过主轴箱在摇臂上的水平移动及摇臂的回转而方便地调整至机床允许范围内的任意位置。为适应加工不同高度工件的需要，可适当调节摇臂在立柱上的位置。

2. Z3040 型摇臂钻床的运动情况

摇臂钻床的主要运动形式有主运动（主轴旋转）、进给运动（主轴纵向移动）及辅助运动（摇臂沿外立柱的垂直移动，主轴箱沿摇臂径向移动，摇臂与外立柱一起相对于内立柱的回转运动）。

钻削加工时，主轴旋转为主运动，主轴的纵向运动

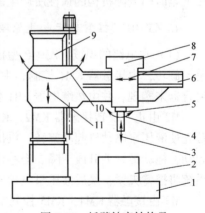

图 6-26　摇臂钻床结构及
运动情况示意图

1—底座　2—工作台　3—主轴纵向进给
4—主轴旋转主运动　5—主轴　6—摇臂
7—主轴箱沿摇臂径向运动　8—主轴箱
9—内外立柱　10—摇臂回转运动
11—摇臂上下垂直运动

为进给运动，即钻头边旋转边做纵向进给。此时，主轴箱夹紧在摇臂的水平导轨上，摇臂与外立柱夹紧在内立柱上。辅助运动有摇臂沿外立柱的上下垂直移动、主轴箱沿摇臂水平导轨的径向移动及摇臂的回转运动，主轴箱沿摇臂的径向运动和摇臂的回转运动为手动调整。

3. Z3040 型摇臂钻床加工时对电气控制的要求

1）摇臂钻床运动部件较多，为简化传动装置，采用多电动机拖动。机床由 4 台电动机驱动：M1 为主轴电动机，M2 为摇臂升降电动机，M3 为液压泵电动机，M4 为冷却泵电动机。

4 台电动机容量较小，均采用直接起动方式，主轴要求正反转，但此处采用机械方法实现，故主轴电动机为单向旋转。

2）摇臂钻床的主运动与进给运动皆为主轴的运动，因此这两种运动由同一台电动机拖动，分别经主轴传动机构、进给传动机构来实现。主轴电动机 M1 担负主轴的旋转运动和进给运动，由接触器 KM1 控制，只能单向旋转，其正反转控制、变速和变速系统的润滑都是通过操纵机构与液压系统实现。热继电器 FR1 作 M1 的过载保护。

3）摇臂的升降由接触器 KM2、KM3 控制 M2 来实现，摇臂的松开与夹紧则通过夹紧机构液压系统来实现（电气、液压配合实现摇臂升降与放松、夹紧的自动循环）。摇臂的升降设有限位保护。

4）液压泵电动机 M3 由接触器 KM4、KM5 控制，M3 的主要作用是供给夹紧装置压力油，实现摇臂的松开与夹紧以及立柱和主轴箱的松开与夹紧，热继电器 FR2 为 M3 提供过载保护。冷却泵电动机 M4 由开关 SA1 直接控制。

5）摇臂的移动严格按照"摇臂松开→摇臂移动→移动到位→摇臂夹紧"的程序进行。摇臂升降与其夹紧机构的动作之间利用时间继电器 KT 实现，从而使得摇臂升降得以自动完成。同时，切断摇臂升降电动机的电源后，需延时一段时间才能使摇臂夹紧，从而避免了直接夹紧时因升降机构的惯性所产生的抖动现象。

4. Z3040 型摇臂钻床电气原理图的识读

（1）主电路的识读　Z3040 型摇臂钻床的电气原理图如图 6-27 所示。主电路中，M1 为单向旋转，由接触器 KM1 控制，主轴的正反转则由机床液压系统操纵机构配合正反转摩擦离合器来实现，并由热继电器 FR1 作电动机的长期过载保护。

M2 由正、反转接触器 KM2、KM3 控制实现正反转。控制电路保证在操纵摇臂升降时，首先使液压泵电动机起动旋转，供出压力油，经液压系统将摇臂松开，然后才使电动机 M2 起动，拖动摇臂上升或下降。当移动到位后，控制电路又保证 M2 先停下，再自动通过液压系统将摇臂夹紧，最后液压泵电动机才停下。M2 为短时工作，不用设长期过载保护。

M3 由接触器 KM4、KM5 控制实现正反转控制，并有热继电器 FR2 作长期过载保护。电动机 M4 容量较小，为 0.125kW，由开关 SA1 控制。

（2）控制电路的识读　控制电路中，由按钮 SB1、SB2 与 KM1 构成主轴电动机 M1 的单向旋转起动 – 停止电路。M1 起动后，指示灯 HL3 亮，表示主轴电动机在旋转。

由摇臂上升按钮 SB3、下降按钮 SB4 及正反转接触器 KM2、KM3 组成具有双重互锁的电动机正反转点动控制电路。由于摇臂的升降控制需与夹紧机构液压系统紧密配合，所以与液压泵电动机的控制有密切关系。下面以摇臂的上升为例分析摇臂升降的控制。

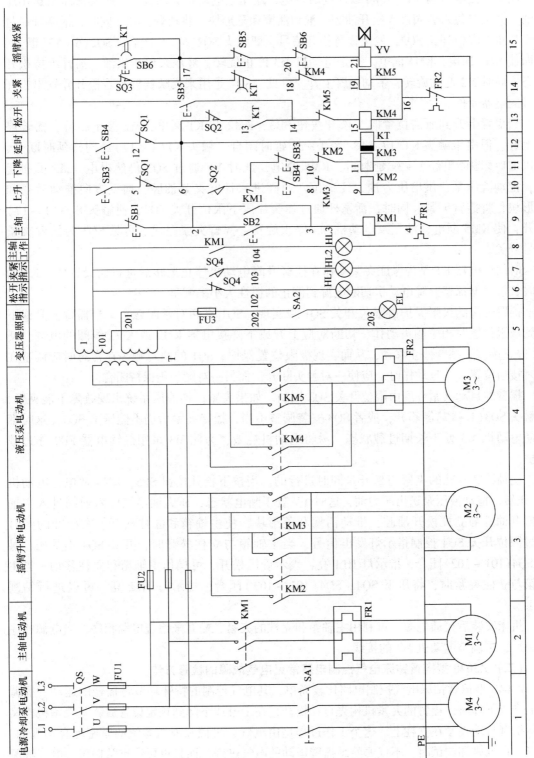

图6-27　Z3040型摇臂钻床电气原理图

按下摇臂上升点动按钮 SB3，时间继电器 KT 线圈得电，触头 KT(1－17)、KT(13－14) 立即闭合，使电磁阀 YV、KM4 线圈同时得电，液压泵电动机起动旋转，拖动液压泵送出压力油，并经二位六通阀进入松开油腔，推动活塞和菱形块，将摇臂松开。同时，活塞杆通过弹簧片压上限位开关 SQ2，发出摇臂松开信号，即触头 SQ2(6－7)闭合，SQ2(6－13)断开，从而使 KM2 通电，KM4 断电。于是电动机 M3 停止旋转，液压泵停止供油，摇臂维持松开状态；同时 M2 起动旋转，带动摇臂上升。可见，SQ2 是用来反映摇臂是否松开并发出松开信号的电器元件。

当摇臂上升到所需位置时，松开按钮 SB3，KM2 和 KT 断电，M2 停止旋转，摇臂停止上升。但由于触头 KT(17－18)经 1～3s 延时闭合，触头 KT(1－17)经同样延时断开，所以 KT 线圈断电经 1～3s 延时后，KM5 通电，此时 YV 通过 SQ3 仍然得电。M3 反向起动，拖动液压泵，供出压力油，经二位六通阀进入摇臂夹紧油腔，向反方向推动活塞和菱形块，将摇臂夹紧。同时，活塞杆通过弹簧片压下限位开关 SQ3，使触头 SQ3(1－17)断开，使 KM5 断电，液压泵电动机 M3 停止旋转，摇臂夹紧完成。可见 SQ3 为摇臂夹紧信号开关。

时间继电器 KT 是为保证夹紧动作在摇臂升降电动机停止运转后进行而设置的，KT 的延时长短根据摇臂升降电动机切断电源到停止的惯性大小来调整。

摇臂升降的极限保护由限位开关 SQ1 来实现。SQ1 有两对常闭触头，当摇臂上升或下降到极限位置时相应触头动作，切断对应上升或下降接触器 KM2 或 KM3 线圈的电源，使 M2 停止旋转，摇臂停止移动，从而实现极限位置保护。SQ1 的两对触头在常态时应调整在同时接通位置；一旦动作时，应使一对触头断开，而另一对触头仍保持闭合。

摇臂的自动夹紧程度由限位开关 SQ3 控制。如果夹紧机构液压系统出现故障不能夹紧，使触头 SQ3(1－17)断不开，或者 SQ3 安装调整不当，摇臂夹紧后仍不能压下 SQ3，这时都会使电动机 M3 处于长期过载状态，易将电动机烧毁，为此 M3 采用热继电器 FR2 作过载保护。

主轴箱和立柱的夹紧与松开是同时进行的。当按下松开按钮 SB5，KM4 通电，电动机 M3 正转，拖动液压泵送出压力油，这时 YV 处于断电状态，压力油经二位六通阀进入主轴箱松开油腔与立柱松开油腔，推动活塞和菱形块，使主轴箱和立柱松开。在松开的同时通过限位开关 SQ4 控制指示灯发出信号，当主轴箱与立柱松开时，开关 SQ4 不受压，触头 SQ4(101－102)闭合，指示灯 HL1 亮，表示确已松开，可操作主轴箱和立柱移动。当主轴箱与立柱夹紧时，将压下 SQ4，SQ4(101－103)闭合，指示灯 HL2 亮，可以进行钻削加工。

机床安装后接通电源，可利用主轴箱和立柱的夹紧、松开来检查电源相序，当电源相序正确后，再调整电动机 M2 的接线。

（二）Z3040 型摇臂钻床电气控制电路常见电气故障的检修方法

Z3040 型摇臂钻床电气控制电路比较简单，其电气控制的特殊环节是摇臂的运动。摇臂在上升或下降时，摇臂的夹紧机构先自动松开，在上升或下降到预定位置后，其夹紧机构又要将摇臂自动夹紧在立柱上。这个工作过程是由电气、机械和液压系统的紧密配合实现的，所以，在维修和调试时，不仅要熟悉摇臂运动的电气过程，而且更要注重掌握机、电、液配合的调整方法和步骤。

1. 摇臂不能上升(或下降)

1) 首先检查限位开关 SQ2 是否动作，若已动作，即 SQ2 的常开触头 SQ2(6-7)已闭合，则说明故障发生在接触器 KM2 或摇臂升降电动机 M2 上；若 SQ2 没有动作，而这种情况较常见，实际上此时摇臂已经放松，但由于活塞杆压不上 SQ2，使接触器 KM2 不能吸合，升降电动机不能得电旋转，从而使摇臂不能上升。

2) 液压系统发生故障，如液压泵卡死、不转，油路堵塞或气温太低时油的黏度增大，使摇臂不能完全松开，压不上 SQ2，摇臂也不能上升。

3) 电源的相序接反，按下摇臂上升按钮 SB3，液压泵电动机反转，使摇臂夹紧，压不上 SQ2，摇臂也就不能上升或下降。

排除故障时，当判断出故障是由于限位开关 SQ2 位置改变造成的，则应与机械、液压维修人员配合，调整好 SQ2 的位置并紧固。

2. 摇臂上升(或下降)到预定位置后，摇臂不能夹紧

1) 限位开关 SQ3 安装位置不准确或紧固螺钉松动造成 SQ3 限位开关过早动作，使液压泵电动机 M3 在摇臂还未充分夹紧时就停止旋转。

2) 接触器 KM5 线圈回路出现故障。

3. 立柱、主轴箱不能夹紧(松开)

立柱、主轴箱各自的夹紧或松开是同时进行的，立柱、主轴箱不能夹紧或松开可能是由于油路堵塞、接触器 KM4 或 KM5 线圈回路出现故障造成的。

4. 按下 SB6，立柱、主轴箱能夹紧，但放开按钮后，立柱、主轴箱却松开

立柱、主轴箱的夹紧和松开，都采用菱形块结构。故障多为机械原因造成，可能是因菱形块和承压块的角度方向装错，或者因距离不合适造成的。如果菱形块立不起来，则是因为夹紧力调得太大或夹紧液压系统压力不够所致。作为电气维修人员，掌握一些机械、液压知识，将为维修工作带来方便，也可避免盲目检修且能缩短机床停机时间。

5. 摇臂上升或下降限位开关失灵

限位开关 SQ1 失灵分以下两种情况：

1) 限位开关损坏、触头不能因开关动作而闭合或触头接触不良，从而使电路不能正常工作。电路断开后，信号不能传递，不能使摇臂上升或下降。

2) 限位开关不能动作，触头熔焊，使电路始终呈接通状态。当摇臂上升或下降到极限位置后，摇臂升降电动机堵转，发热严重，由于电路中没设过载保护元件，将导致电动机绝缘损坏。

6. 主轴电动机刚起动运转，熔断器就熔断

按下主轴起动按钮 SB2，主轴电动机刚旋转，就发生熔断器熔断的故障。其原因可能是机械机构发生卡住现象或者是钻头被铁屑卡住，进给量太大，造成电动机堵转；还可能是负载太大，主轴电动机电流剧增，热继电器来不及动作，从而使熔断器熔断；也可能因为电动机本身的故障造成的熔断器熔断。

排除故障时，应先退出主轴，根据空载运行情况区别故障现象，找出原因。

（三）检修实例

以 Z3040 型摇臂钻床主轴电动机 M1 不能起动的故障为例，说明故障检修过程。

（1）故障现象　主轴电动机不能起动，KM1 线圈不得电。

（2）故障范围分析　首先用万用表电压档测量变压器 T 是否有 380V 电压输入，如果没有，则故障范围在以下电路中，如图6-28 所示。

L2→QS→V11→FU1→V21→T

L3→QS→W11→FU1→W21→T

如果有 380V 输入，测量变压器是否有 127V 输出，没有则变压器有故障；如果有，则故障范围在以下电路中，如图6-29 所示。

$$1 \to SB1 \to 2 \to \begin{cases} SB2 \\ KM1(2-3) \end{cases} \to 3 \to KM1 \text{ 线圈} \to FR1 \to PE$$

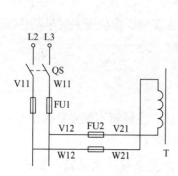

图 6-28　电源、变压器回路

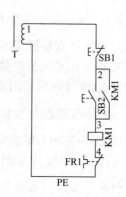

图 6-29　主轴控制接触器 KM1 得电回路

（3）故障测量　假设 KM1 线圈下端的 4 断开，用万用表测量图6-29 所示电路。

1）电阻法。按下 SB2 或 KM1 常开，将一根表笔固定在 T 的 1 上，另外一根表笔依次测量 1、2、3、4、PE，正常情况下电阻值应近似为 0，按照假设测到 3 时电阻值应近似为 0，测到 FR1 常闭 4 时电阻值应近似为 ∞。

2）电压法。按下 SB2 或 KM1 常开，将一根表笔固定在 T 的 PE 上，另外一根表笔依次测量 1、2、3、4，正常情况电压值应近似为 127V，按照假设测到 3 时电压值应近似为 127V，测到 FR1 常闭 4 时电压值应为 0。

确定故障点：KM1 线圈到 FR1 常闭的 4。

四、技能考核——Z3040 型摇臂钻床电气控制电路的故障检修

（一）考核任务

在 Z3040 型摇臂钻床电气控制电路中设置 1~2 故障点，让学生观察故障现象，在限定时间内分析故障原因和故障范围，用电阻测量法或电压测量法等方法进行故障的检查与排除。

（二）考核要求及评分标准

在 30min 内排除两个 Z3040 型摇臂钻床电气控制电路的故障。评分标准见表6-9。

表 6-9 Z3040 型摇臂钻床电气故障检修评分标准

序号	项目	评 分 标 准	配分	扣分	得分
1	观察故障现象	两个故障，观察不出故障现象，每个扣 10 分	20		
2	故障分析	分析和判断故障范围，每个故障占 20 分 对每个故障的范围判断不正确，每次扣 10 分 范围判断过大或过小，每超过一个元器件或导线标号扣 5 分，直至扣完这个故障的 20 分为止	40		
3	故障排除	正确排除两个故障，不能排除的故障，每个扣 20 分	40		
4	其他	不能正确使用仪表扣 10 分；拆卸无关的元器件、导线端子，每次扣 5 分；扩大故障范围，每个故障扣 5 分；违反电气安全操作规程，造成安全事故者酌情扣分；修复故障过程中超时，每超时 5min 扣 5 分	从总分倒扣		
开始时间		结束时间		成绩		评分人	

五、拓展知识——Z3040 型摇臂钻床的液压控制系统

Z3040 型摇臂钻床具有两套液压控制系统，一个是操纵机构液压系统；另一个是夹紧机构液压系统。前者安装在主轴箱内，用于实现主轴正反转、停车制动、空档、预选及变速；后者安装在摇臂背后的电器盒下部，用于夹紧、松开主轴箱、摇臂及立柱。

1. 操纵机构液压系统

该系统的压力油由主轴电动机拖动齿轮泵送出。由主轴变速、正反转及空档操作手柄来改变两个操纵阀的相互位置，使压力油作不同的分配，从而获得不同的动作。操作手柄有五个空间位置：上、下、里、外和中间位置。其中，上为"空档"，下为"变速"，外为"正转"，里为"反转"，中间位置为"停车"。而主轴转速及主轴进给量各由一个旋钮预选，然后再扳动操作手柄。

起动主轴时，首先按下主轴电动机起动按钮，使主轴电动机起动旋转，拖动齿轮泵送出压力油，然后将操作手柄扳至所需位置，于是两个操纵阀相互位置改变，使一股压力油将制动摩擦离合器松开，为主轴旋转创造条件；另一股压力油压紧正转（反转）摩擦离合器，接通主轴电动机到主轴的传动链，驱动主轴正转或反转。

在主轴正转或反转的过程中，也可旋转变速旋钮，改变主轴转速或主轴进给量。

主轴停车时，将操作手柄扳回中间位置，这时主轴电动机仍拖动齿轮泵旋转，但此时整个液压系统为低压油，无法松开制动摩擦离合器，而且在制动弹簧的作用下将制动摩擦离合器压紧，使制动轴上的齿轮不能转动，主轴实现停车。所以主轴停车时主轴电动机仍然旋转，只是不能将动力传到主轴。

主轴变速与进给变速时，将操作手柄扳至"变速"位置，于是便改变了两个操纵阀的相互位置，使齿轮泵送出的压力油进入主轴转速预选阀和主轴进给量预选阀，然后进入各变速液压缸。各变速液压缸为差动液压缸，具体哪个液压缸上腔进压力油或回油，取决于所选

定的主轴转速和进给量大小。与此同时，另一条油路系统推动拨叉缓慢移动，逐渐压紧主轴正转摩擦离合器，接通主轴电动机到主轴的传动链，使主轴缓慢转动，称为缓速。缓速的目的在于使滑移齿轮能比较顺利地进入啮合位置，避免出现齿顶齿的现象。当变速完成后，松开操作手柄，则手柄将在弹簧的作用下由"变速"位置自动复位到"停车"位置，这时便可操纵主轴正转或反转，从而使主轴在新的转速或进给量下工作。

主轴空档时，将操作手柄扳向"空档"位置，这时由于两个操纵阀相互位置发生改变，压力油使主轴传动系统中的滑移齿轮处于中间脱开位置。这时，可用手轻便地转动主轴。

2. 夹紧机构液压系统

主轴箱、立柱和摇臂的夹紧与松开是由液压泵电动机拖动液压泵送出压力油、推动活塞和菱形块来实现的。其中，主轴箱和立柱的夹紧、放松由一个油路控制，而摇臂的夹紧、松开因与摇臂升降构成自动循环，所以由另一个油路单独控制。这两个油路均由电磁阀操纵。欲夹紧或松开主轴箱及立柱时，首先应起动液压泵电动机，拖动液压泵送出压力油，在电磁阀的操纵下使压力油经二位六通阀流入夹紧或松开油腔，推动活塞和菱形块实现夹紧或松开。由于液压泵电动机是点动控制，所以主轴箱和立柱的夹紧与松开是点动的。

思考与练习

1. 单项选择题

1）Z3040 型摇臂钻床中使用了一个时间继电器，它的作用是（　　）。

A. 升降机构上升定时　　　　　　　　B. 升降机构下降定时

C. 夹紧时间控制　　　　　　　　　　D. 保证升降电动机完全停止的延时

2）在 Z3040 型摇臂钻床电气控制电路中，如果限位开关 SQ4 调整不当，夹紧后仍然不动作，则会造成（　　）。

A. 升降电动机过载　　　　　　　　　B. 液压泵电动机过载

C. 主电动机过载　　　　　　　　　　D. 冷却泵电动机过载

3）一般情况下，Z3040 型摇臂钻床摇臂的初始状态是（　　）。

A. 放松状态　　　B. 夹紧状态　　　C. 上升状态　　　D. 下降状态

4）Z3040 型摇臂钻床的主轴箱与立柱进行夹紧与放松时，要求电磁阀 YV 处于（　　）状态。

A. 通电吸合　　　B. 断电释放　　　C. 无法确定　　　D. 无所谓

5）Z3040 型摇臂钻床的摇臂与（　　）滑动配合。

A. 外立柱　　　B. 内立柱　　　C. 升降丝杠　　　D. 传动机构

2. 判断题

1）Z3040 型摇臂钻床的液压泵电动机是用来提供冷却液的。（　　）

2）Z3040 型摇臂钻床的主轴箱安装在摇臂水平导轨上，可手动使其沿导轨水平移动。（　　）

3）Z3040 型摇臂钻床的主运动与进给运动由一台交流异步电动机拖动。（　　）

4）在 Z3040 型摇臂钻床中，摇臂的放松与夹紧程度是靠操作者凭经验判断的。（　　）

5）Z3040 型摇臂钻床摇臂的升降是点动控制。　　　　　　　　　　（　　）

6）Z3040 型摇臂钻床立柱和主轴箱的松开与夹紧只能同时进行。　　（　　）

7）在 Z3040 型摇臂钻床中，手动进行松开与夹紧的控制方式是点动控制。（　　）

8）在 Z3040 型摇臂钻床中，摇臂升降电动机的正反转控制采用电气、机械双重互锁，确保了电路的安全工作。　　　　　　　　　　　　　　　　　　（　　）

项目七　电气控制系统的设计

作为一名电气技术人员，除了能对电气控制电路进行分析、安装、调试和维修外，还应该具有一定的电气控制系统的设计能力。本项目通过两个工作任务，使学生学会根据控制要求，利用经验设计法设计电气控制电路，并能够进行安装调试，培养综合运用电气控制专业知识解决实际工程技术问题的能力。

项目教学目标

1）熟悉电气控制系统设计的基本原则、方法和步骤。
2）会用经验设计法设计典型环节的电气控制系统，并进行安装调试。
3）能设计简单生产设备的电气控制系统，具备一定的设计电气控制电路的能力。
4）会根据控制要求选择电气元器件的主要参数，确定元器件型号。

任务一　龙门刨床横梁升降控制系统的设计

一、任务描述

设计龙门刨床横梁升降控制系统。横梁升降机构的工艺要求如下：

1）龙门刨床上装有横梁机构，刀架装在横梁上，由于机床加工工件的大小不同，要求横梁能沿立柱做上升、下降的调整移动。

2）在加工过程中，横梁必须紧紧地夹在立柱上，不许松动。夹紧机构能实现横梁的夹紧与放松。横梁的上升与下降由横梁升降电动机来驱动，横梁的夹紧与放松由横梁夹紧放松电动机来驱动。

3）在动作配合上，横梁夹紧与横梁移动之间必须有一定的操作程序。
① 按下向上或向下移动按钮后，应首先使夹紧机构自动放松。
② 横梁放松后，自动转换到向上或向下移动。
③ 横梁移动到所需要的位置后，松开按钮，横梁自动夹紧。
④ 横梁夹紧后电动机自动停止运动。

4）横梁在上升与下降时，应有上下行程的限位保护。

5）正反向运动之间，以及横梁夹紧与移动之间要有必要的联锁。

二、任务目标

1）熟悉电气控制系统设计的内容、方法和步骤。
2）会用经验设计法设计典型环节的电气控制电路。

三、任务实施

1. 设计主电路

根据横梁能上下移动和能夹紧放松的工艺要求，需要用两台电动机来驱动，且电动机应能实现正反转。因此，采用四个接触器 KM1、KM2、KM3、KM4，分别控制升降电动机 M1和夹紧放松电动机 M2 的正反转，如图 7-1 所示。由于横梁的升降为调整运动，故升降电动机采用点动控制。

2. 设计基本控制电路

采用两只点动按钮分别控制升降和夹紧放松运动，因为有四个接触器线圈需要控制，仅靠两只点动按钮是不够的，所以需要增加两个中间继电器 KA1 和 KA2。根据工艺要求可以设计出图 7-1 所示的电路。

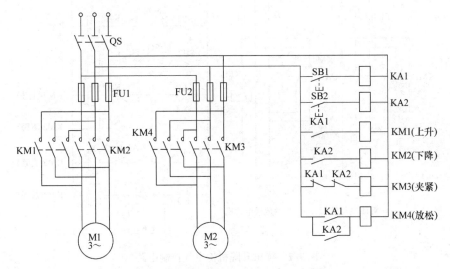

图 7-1　横梁升降机构电气控制电路草图

经仔细分析可知，该电路存在以下问题：

1）按下横梁上升点动按钮 SB1 后，接触器 KM1 和 KM4 同时得电吸合，横梁的上升与放松同时进行，没有先后之分，不满足"夹紧机构先放松，横梁后移动"的工艺要求。按下横梁下降点动按钮 SB2，也出现类似的情况。

2）放松线圈 KM4 一直通电，使夹紧机构持续放松，没有设置检测元件检查横梁放松的程度。

3）松开按钮 SB1，横梁不再上升，横梁夹紧线圈得电吸合，横梁持续夹紧，夹紧电动机不能自动停止。

根据以上问题，需要适当地选择控制过程中的变化参量，实现上述自动控制要求。

3. 选择控制参量，确定控制原则

1）反映横梁放松的参量，有时间参量和行程参量。由于行程参量更加直接地反映放松程度，因此采用限位开关 SQ1 来检测放松程度，如图 7-2 所示。当横梁放松到一定程度时，

其挡铁压动 SQ1，使 SQ1 常闭触头断开，表示横梁已经放松，接触器 KM4 线圈断电；同时，SQ1 常开触头闭合，使上升或下降接触器 KM1 和 KM2 通电，横梁开始向上或向下移动。

2）反映夹紧程度的可以有时间参量、行程参量和反映夹紧力的电流。若用时间参量，不易调整准确；若用行程参量，当夹紧机构磨损后，测量也不准确。这里选用反映夹紧力的电流参量是最适宜的：夹紧力越大，电流也越大，故可以借助过电流继电器来检查夹紧程度。在图 7-2 所示电路中，在夹紧电动机 M2 的夹紧方向的主电路中串入过电流继电器 KOC，将其动作电流整定在额定电流的两倍左右。过电流继电器 KOC 的常闭触头串接在接触器 KM3 电路中。当夹紧横梁时，夹紧电动机电流逐渐增大，当超过过电流继电器的整定值时，KOC 的常闭触头断开，KM3 线圈断电，自动停止夹紧电动机的工作。

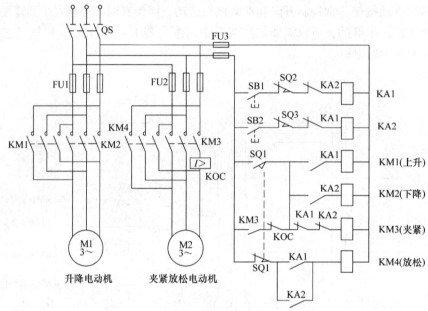

图 7-2　横梁升降机构电气控制电路

4. 设计联锁保护环节

采用限位开关 SQ2 和 SQ3 分别实现横梁上、下终点位置的限位保护。限位开关 SQ1 不仅反映了放松信号，而且还起到了横梁移动和横梁夹紧之间的联锁作用。中间继电器 KA1、KA2 的常闭触头用于实现横梁移动电动机和夹紧电动机正反向运动的联锁保护。熔断器 FU1 和 FU2 实现短路保护。

5. 电路的完善和校核

控制电路设计完毕后，往往还有不合理的地方，或者还有需要进一步简化之处，应仔细校核。特别是应该对照生产机械的工艺要求，反复分析所设计的电路是否能逐条予以实现，是否会出现误动作，是否保证了设备和人身安全等。在此，再次对图 7-2 所示电路的工作过程加以审核。

1）按下横梁上升点动按钮 SB1，由于限位开关 SQ1 的常开触头没有压合，升降电动机 M1 不工作，KM4 线圈得电，M2 正转，将横梁放松，即先使夹紧放松电动机工作。当横梁放松到一定程度时，夹紧机构将 SQ1 压下，其常开触头闭合，常闭触头断开，发出放松信号。于是夹紧放松电动机停止工作（KM4 线圈断电），升降电动机 M1 起动工作，驱动横梁在放松状态下向上移动。

2）当横梁移动到所需位置时，松开上升点动按钮 SB1，使升降电动机 M1 停止工作（KM1 线圈断电）；由于横梁处于放松状态，SQ1 的常开触头一直闭合，同时接通了夹紧放松电动机 M2（KM3 线圈得电），使 M2 反向工作。刚起动时，起动电流较大，过电流继电器 KOC 动作，但是由于 SQ1 的常开触头闭合，保证 KM3 线圈仍然得电吸合并自锁。横梁开始夹紧，当夹紧到一定程度时，过电流继电器 KOC 的常闭触头断开，发出夹紧信号，切断夹紧放松电动机电源（KM3 线圈断电），上升过程到此结束。

3）横梁下降的操作过程与横梁上升操作过程相似，请读者自行分析。

通过审核可知，图 7-2 所示电路满足生产工艺的各项要求。到此，横梁升降机构控制电路设计完毕。

一般不太复杂的电气控制电路都可按照上述方法进行设计。掌握较多的典型环节，具有较丰富的实践经验和熟悉的设计技巧，对设计工作十分有益。对于复杂的电路，则宜采用逻辑设计法进行设计。

四、技能考核——两台异步电动机顺序起动控制电路的设计

（一）考核任务

设计两台异步电动机顺序起动的控制系统，要求有必要的保护环节。在空调设备中的风机和压缩机起动有如下要求：

1）先开风机 M1（KM1），再开压缩机 M2（KM2）。

2）压缩机可自由停车。

3）风机停车时，压缩机即自动停车。

（二）考核要求及评分标准

按要求完成电路设计并安装调试成功，考核要求和评分标准见表 7-1。

表 7-1 《电气控制电路设计 1》考核成绩记录表

项 目		要 求	配分	教师评分
平时表现、安全文明		遵守课堂纪律，不违反安全操作规程，不带电作业，工具摆放整齐，保持工位整洁	10	
实践操作		电气原理图设计正确且绘制规范	40	
		电气元器件布置图和电气安装接线图设计正确且绘制规范	10	
		通电调试成功或自行进行故障检测排除	20	
答辩		回答问题流利、回答内容符合宗旨。对设计系统理解透彻，熟悉操作工艺及技术规范	10	
设计报告		书写认真，有自己的设计过程。电路设计正确，原理清晰。报告条理性、逻辑性强，结构完整，无抄袭现象	10	
总分	教师评分（100 分）	总体评价	优□　　　　良□　　　　中□ 及格□　　　不及格□	
	创新得分（加 10 分）			

注：总体评价 90~100 分为优，80~90 分为良，70~80 分为中，60~70 分为及格，60 分以下为不及格。

考核点如下：

1）电路图样的设计进度、正确性。

2）选择工具或元器件的型号。

3）电路的安装工艺、流程。

4）违反操作规程的表现。

5）电路调试及成功性。

6）故障排除。

五、拓展知识

（一）电气控制系统设计的基本内容

电气控制系统设计包括原理设计和工艺设计两部分。

1. 原理设计内容

1）拟订设计任务书。

2）选择拖动方案、控制方式和电动机容量。

3）设计电气原理图、选择电气元器件并制定元器件目录表。

4）对电气原理图各连接点进行编号。

2. 工艺设计内容

工艺设计目的是便于组织电气控制设备的制造，为设备的安装、调试、使用和维修提供必要的图样资料。

1）根据电气原理图（包括元器件表）进行电气设备的总体配置设计。

2）电气元器件布置图的设计与绘制。

3）电气组件和元器件接线图的绘制。

4）电气箱及非标准零件图的设计。

5）各类元器件及材料清单的汇总。

6）编写设计说明书和使用维护说明书。

3. 电气设计的技术条件

作为电气设计所依据的技术条件通常是以设计任务书的形式表达的。在任务书中，除应简要说明所设计的机械设备的型号、用途、工艺过程、技术性能、传动方式、工作条件及使用环境以外，还必须着重说明以下几点。

1）用户供电系统的电压等级、频率、容量及电流种类，即交流（AC）或直流（DC）。

2）有关操作方面的要求，如操作台的布置、操作按钮的设置和作用、测量仪表的种类、故障报警和局部照明要求等。

3）有关电气控制的特性，如电气控制的主令方式（手动还是自动等）、自动工作循环的组成、动作程序、限位设置、电气保护及联锁条件等。

4）有关电力拖动的基本特性，如电动机的数量和用途，各主要电动机的负载特性、调整范围和方法，以及对起动、反向和制动的要求等。

5）生产机械主要电气设备（如电动机、执行电器和限位开关等）的布置草图和参数。

4. 电气控制方案的确定

合理选择电气控制方案是安全、可靠、优质、经济地实现工艺要求的重要步骤。在相同的设计条件下达到同样的控制指标，可以有几种电路结构和控制形式，往往要经过反复比较，综合考虑其性能、设备投资、使用周期、维护检修及发展趋势等各方面因素，才能最后确定控制方案。选择控制方案应遵循的主要原则如下：

1）自动化程度要与国情相适应。要尽可能采用最新的科技成就，提高技术含量，但要考虑到与企业经济实力相适应，不可脱离国情。

2）控制方式应与设备通用化和专用化的程度相适应。对于一般的普通机床和专用机械设备，其工作程序往往是固定的，使用时并不需要改变原有的工作程序。若采用传统的接触器 - 继电器控制系统，其控制电路在结构上接成固定形式的，可以最大限度地简化控制电路，降低设备投资。对于经常变换加工对象的工作母机和需要经常变化工作程序的机器，则可采用可编程序控制器控制。

目前，微处理器已经进入机床、自动线及机械手的控制领域，并显示出灵活、可靠、控制功能强、体积小及损耗低等优越性，因而越来越受电气设计者的青睐。

3）控制方式应随控制过程的复杂程度而变化。在生产机械自动化中，根据控制要求和联锁条件的复杂程度的不同，可以采用分散控制或集中控制的方案。但是各台单机的控制方案和基本控制环节应尽量一致，以便简化设计和制造过程。

4）控制系统的工作方式应在经济、安全的前提下最大限度地满足工艺要求。选择控制方案，应考虑采用自动循环或半自动循环，并考虑手动调整、工序变更、系统检测和各个运动之间的联锁，以及各种安全保护、故障诊断、信号指示、照明及人机关系等。

5）控制电路的电源选择。当控制系统所用电器数量较多时，可采用直流低压供电；简单的控制电路可直接由电网供电；当控制电动机较多，电路较复杂，可靠性要求较高时，可采用控制变压器隔离并减压。

（二）电气控制系统设计的一般原则

当机械设备的电力拖动方案和控制方案已经确定后，就可以进行电气控制电路的设计了。电气控制电路的设计是电力拖动方案的具体化。由于设计是灵活多变的，不同的设计人员可以有不同的设计思路，但是在设计时应遵循以下原则。

1）最大限度地实现生产设备对电气控制电路的要求。在设计之前，要调查清楚生产要求，对机械设备的工作性能、结构特点和实际加工情况有充分的了解。生产工艺要求一般是由机械设计人员提供的，常常是一般性的原则意见，这就需要电气设计人员深入现场对同类或类似的产品进行调查、收集资料，并加以分析和综合，在此基础上考虑控制方式，起动、反向、制动及调速的要求，设置各种联锁及保护装置。

2）在满足生产工艺要求的前提下，力求使控制在路简单、经济及合理。尽量选用标准的、常用的或经过实际考验过的环节和电路。

3）保证电路工作的安全性和可靠性。

4）操作和维修方便。电气控制电路应从操作与维修人员的实际工作出发，力求操作简单、维修方便。电气元器件应留有备用元器件，以便检修、改线用；应设置隔离电器，以免带电检修。控制机构应操作简单、便利，能迅速且方便地由一种控制方式转换到另一种控制方式，如由手动控制转换到自动控制。

（三）电气控制系统设计的基本方法

电气控制电路的一般设计顺序是：首先设计主电路，然后设计控制电路。继电器－接触器控制系统的控制电路设计常用的设计方法有经验设计法和逻辑设计法。

1. 经验设计法

经验设计法是根据机械设备的工艺要求选择适当的基本控制电路环节，或将成熟的电路环节组合起来，对其加以修改补充，得到满足控制要求的完整电路。当没有现成的典型电路环节可以运用时，可根据控制要求边分析边设计。由于这种设计方法是以熟练掌握各种电气控制电路基本环节和具备一定阅读分析电路图的经验为基础，所以称为经验设计法。

经验设计法比较简单，容易被初学者掌握，在电气控制电路设计中被普遍采用。其缺点是不易得到最佳设计方案，当经验不足或考虑不周时会影响电路工作的可靠性。对于一些比较简单的控制电路通常采用经验设计法，但对于一些比较复杂的控制电路则多用逻辑设计法。

2. 逻辑设计法

逻辑设计法是用真值表与逻辑代数式相结合的方式对控制电路进行综合分析，就是参照在控制要求中由设计人员给出的执行元件及主令电器的工作状态表找出执行元件线圈同主令电器触头间的逻辑关系，将主令电器的触头作为逻辑自变量，执行元件线圈作为逻辑应变量，写出相关的逻辑代数式，最后根据逻辑代数式设计出对应的电路，由于逻辑代数式可以通过相关计算法则进行运算和化简，所以，应用逻辑设计法往往能得到功能相同、但简单优化的控制电路。

（四）设计电气控制系统的注意事项

1. 合理选择控制电路电源

尽量减少电路的电源种类。电源有交流和直流两大类，接触器和继电器等也有交流和直流两大类，要尽量采用同一类电源。电压等级应符合标准等级，如交流电压一般为 380V、220V、127V、110V、36V、24V 和 6.3V，直流电压为 12V、24V 和 48V。尽量采用标准件，并尽可能选用相同型号的电气元器件。

2. 正确连接电器的线圈

在交流控制电路中不能串联接入两个电器的线圈，即使外加电压是两个线圈额定电压之和，也不允许，如图 7-3 所示。因为每个线圈上所分配到的电压与线圈的阻抗成正比，两个电器动作总是有先有后，不可能同时吸合，若 KM2 先吸合，线圈电感将显著增加，其阻抗比未吸合的接触器 KM1 的阻抗大，因而在该线圈上的电压降增大，会使 KM1 的线圈电压达不到动作电压。因此，若要求两个电器同时动作时，其线圈应该并联连接。

3. 正确连接电器的触头

同一电气元器件的常开触头和常闭触头靠得很近，如果连接不当则会造成电路工作不正常。如图 7-4a 所示，由于限位开关的常开、常闭触头相距很近，当触头断开时，则会产生电弧，形成电源短路。图 7-4b 就避免了这种情况。

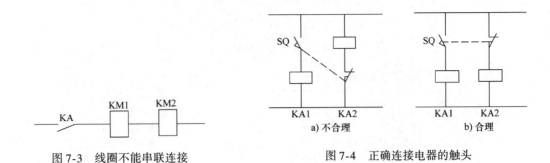

图 7-3　线圈不能串联连接　　　　　图 7-4　正确连接电器的触头

4. 合理安排各电器触头的位置，减少连接导线的数量和长度

设计控制系统时，应合理安排各电器的位置，考虑到各个元器件之间的实际接线，要注意电气柜、操作台和限位开关之间的连接线，如图 7-5 所示。其中，图 7-5a 所示的接线不合理，因为按钮（起动、停止）装在操作台上，接触器装在电气柜内，按照图 7-5a 接线就需要由电气柜引出 4 根导线连接到操作台的按钮上。图 7-5b 所示的电路是合理的，它将起动按钮和停止按钮直接连接，两个按钮之间的距离最短。这样，只需要从电气柜内引出 3 根导线到操作台的按钮上。

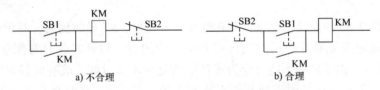

图 7-5　电器连接图

5. 尽量减少电器不必要的通电时间

在电路正常工作的情况下，除了必要的电器通电外，可通可不通电的电器均应断电，以节省电能、减少电路故障隐患。在图 7-6a 所示的电路中，KM2 线圈得电后，接触器 KM1 和时间继电器 KT 就失去了作用，不必继续通电，图 7-6b 所示电路就比较合理。在 KM2 线圈得电后，切断了 KM1 和 KT 线圈的电源，节约了电能，从而延长了电器的寿命。

6. 避免出现寄生电路

所谓寄生电路是指在电气控制电路的动作过程中意外接通的电路。若在控制电路中存在着寄生电路，将会破坏电器和电路的工作循环，造成误动作。图 7-7 所示为一个具有指示灯和过载保护的电动机正反转控制电路。在正常工作时，该电路能完成正反向起动、停止与信号的指示。但当热继电器 FR 动作后，电路就出现了寄生电路（如图中虚线所示），使 KM1（或 KM2）不能可靠释放，从而起不到过载保护作用。

7. 避免"临界竞争和冒险现象"的产生

图 7-8 所示为两台电动机的控制电路，要求实现第一台电动机起动后第二台电动机延时起动，第二台电动机工作后第一台电动机停止工作。

操作时，按下 SB2 后，KM1、KT 通电，电动机 M1 运转，延时时间到后，电动机 M1

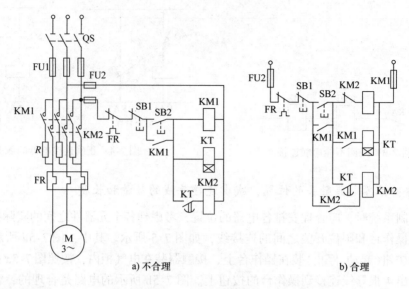

图 7-6   减少通电电器

停转而 M2 运转。正式运行时，会产生这样的奇特现象：有时候可以正常运行，有时候就不行。

原因在于图 7-8a 的设计不可靠，存在临界竞争现象。KT 延时到后，其延时断开常闭触头由于机械运动原因先断开而延时闭合常开触头后闭合，当延时断开常闭触头先断开后，KT 线圈随即断电，由于磁场不能突变为零且衔铁复位需要时间，故有时候延时闭合常开触头来得及闭合，但是有时候因受到某些干扰而失控。若将 KT 延时断开常闭触头换为 KM2 常闭触头后，就绝对可靠了。

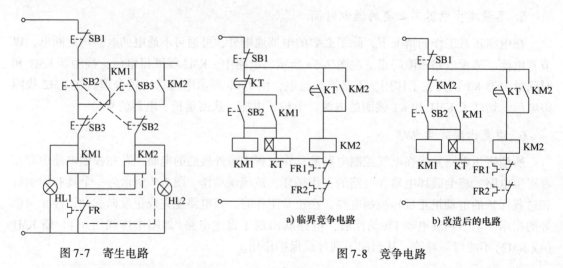

图 7-7   寄生电路   图 7-8   竞争电路

8. 电路应具有必要的保护环节

电气控制电路在故障情况下，应能保证操作人员、电气设备及生产机械的安全，并能有效地防止故障的扩大。为此，在电气控制电路中应采取一定的保护措施，常用的有漏电开关保护、过载、短路、过电流、过电压、零电压、联锁与限位保护等。必要时还应考虑设置合闸、断开、故障及安全等指示信号。

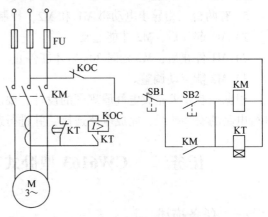

过电流保护电路如图 7-9 所示，当电动机起动时，时间继电器 KT 延时断开的常闭触头还未断开，故过电流继电器 KOC 的线圈不接入电路，尽管此时起动电流很大，过电流继电器仍不动作；当电动机起动结束后，KT 的延时断开常闭触头经过延时已断开，将过电流继电器线圈接入电路，过电流继电器才开始起保护作用。

图 7-9　过电流保护电路

思考与练习

1. 单项选择题

1）现有两个交流接触器，它们的型号相同，额定电压均为 380V，在电气控制电路中如果将其线圈串联后连接在 380V 电源上，则在通电时（　　　）。

A. 都不能吸合　　　　　　　　　　B. 有一个吸合，另一个可能烧毁

C. 都能吸合正常工作　　　　　　　D. 上述都不对

2）电气控制电路在正常工作或事故情况下，发生意外接通的电路称为（　　　）。

A. 振荡电路　　　　B. 寄生电路　　　　C. 自锁电路　　　　D. 上述都不对

3）根据电动机主电路电流的大小，利用（　　　）来控制电动机的工作状态称为电流控制原则。

A. 时间继电器　　　B. 电流继电器　　　C. 速度继电器　　　D. 热继电器

2. 判断题

1）在电气控制电路中，应将所有电器的触头绘制在线圈的左端。　　　　　　　（　　　）

2）在设计控制电路时，应使分布在电路不同位置的同一电器触头接到电源的同一相上。

（　　　）

3）绘制电气控制系统图时，应按电器的实际位置画出电气原理图。　　　　（　　　）

3. 设计一个小车运行的控制电路，小车由三相交流异步电动机拖动，其动作要求如下：

1）小车由原位（SQ1）开始前进，到终端（SQ2）后自动停止。

2）在终端（SQ2）停留 3s 后自动返回原位停止。

3）要求在前进或后退途中任意位置都能停止或起动。

4. 为两台异步电动机设计一个控制电路，其要求如下：

1）两台电动机能互不影响地实现单独起动与停止。

2）能同时控制两台电动机的起动与停止。

3）当一台电动机发生过载故障时，两台电动机均停止。

根据控制要求完成电气原理图的设计，要求具有必要的保护环节；选择合适的电路元件进行电路的安装接线，并进行通电调试及故障排除。

5. 有两台三相异步电动机 M1 和 M2，控制要求如下：

1）M1 起动后，M2 才能起动。

2）M1 停止后，M2 延时 30s 后才能停止。

3）M2 能点动调整。

根据控制要求完成电气原理图的设计，要求具有必要的保护环节；选择合适的电路元件进行电路的安装接线，完成电路连接，并进行通电调试及故障排除。

任务二　　CW6163 型卧式车床电气控制系统的设计

一、任务描述

1. CW6163 型卧式车床的主要技术参数和设计要求

CW6163 型卧式车床属于普通的小型车床，其性能优良，应用较广泛。它的主轴运动的正反转由两组机械式摩擦片离合器控制，主轴的制动采用液压制动器，进给运动的纵向左右运动、横向前后运动及快速移动均由一个操作手柄控制。该车床可完成的工件最大车削直径为 630mm，工件最大长度为 1500mm。

1）根据工件的最大长度要求，为了减少辅助工作时间，要求配备一台主轴运动电动机和一台刀架快速移动电动机，主轴运动的起、停要求两地控制。

2）车削时产生的高温由一台普通冷却泵电动机加以控制。

3）根据整个生产线的状况，要求配备一套局部照明装置及必要的工作状态指示灯。

因此，本车床需配备三台三相笼型异步电动机，各电动机参数如下：

1）主轴电动机 M1，型号选定为 Y160M - 4，性能指标为 11kW、380V、22.6A、1460r/min。

2）冷却泵电动机 M2，型号选定为 JCB - 22，性能指标为 0.125kW、380V、0.43A、2790r/min。

3）快速移动电动机 M3，型号选定为 Y90S - 4，性能指标为 1.1kW、380V、2.7A、1400r/min。

2. 设计任务

1）完成车床电气控制系统的设计，绘制出主电路、控制电路、照明电路及指示灯电路。

2）进行主要电气元器件参数的选择。

3）绘制电气元器件布置图和电气安装接线图。

二、任务目标

1）能设计简单生产设备的电气控制系统，具备一定的设计电气控制电路的能力。

2）会根据控制要求选择电气元器件的主要参数，确定电器型号。

三、任务实施

(一) 设计电气原理图

1. 设计主电路

(1) 主轴电动机 M1 的控制　根据设计要求，主轴电动机的正反转由主轴电动机 M1 的机械式摩擦片离合器进行控制，且根据车削工艺的特点，同时考虑到主轴电动机的功率较大，最后确定 M1 采用单向直接起动的控制方式，由接触器 KM 进行控制。对 M1 设置过载保护元件 FR1，并采用电流表 PA 根据指示的电流监视其车削量。由于向车床供电的电源开关要装熔断器，所以电动机 M1 没有用熔断器进行短路保护。

(2) 冷却泵电动机 M2 及快速移动电动机 M3 的控制　由于 M2 和 M3 的功率及额定电流均较小，因此可用交流中间继电器 KA1 和 KA2 进行控制。在设置保护时，考虑到 M3 属于短时运行，故不需设置过载保护。

综合以上的考虑，绘制出 CW6163 型卧式车床的主电路如图 7-10 所示。

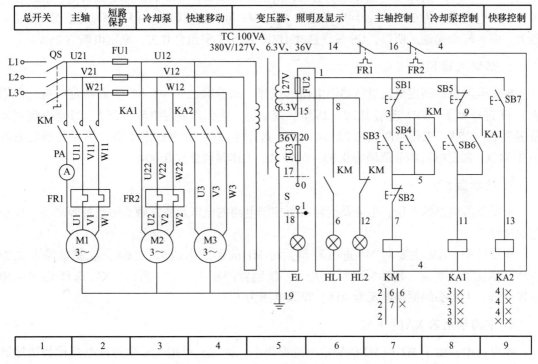

图 7-10　CW6163 型卧式车床电气原理图

2. 设计控制电路

(1) 设计电动机 M1 的控制电路　根据设计要求，主轴电动机要求实现两地控制。因此，可在机床的床头操作板上和刀架拖板上分别设置起动按钮 SB3、SB4 和停止按钮 SB1、SB2 来进行控制。

(2) 设计电动机 M2、M3 的控制电路　根据设计要求和 M2、M3 需完成的工作任务，确定 M2 采用单向起、停控制方式，M3 采用点动控制方式。

3. 设计照明及信号指示电路

照明电路由照明灯 EL、开关 S 和照明电路熔断器 FU3 组成。

信号指示电路由两路构成：一路为三相电源接通指示灯 HL2（绿色），在电源开关 QS 接通以后立即发光，表示机床电气控制电路已处于供电状态；另一路指示灯 HL1（红色）表示主轴电动机是否运行。两路指示灯 HL1 和 HL2 分别由接触器 KM 的常开触头和常闭触头进行切换通电显示。

由此，绘制出的 CW6163 型卧式车床电气原理如图 7-10 所示。

（二）选择电气元器件

在电气原理图设计完毕之后就可以根据电气原理图和技术要求进行电气元器件的选择了。

1. 电源开关 QS

QS 主要用于电源的引入及控制 M1 ~ M3 的起、停和正反转等。因此，QS 的选择主要考虑电动机 M1 ~ M3 的额定电流和起动电流。由前面已知 M1 ~ M3 的额定电流数值，通过计算可得额定电流之和为 25.73A；同时考虑到 M2、M3 虽为满载起动，但功率较小，M1 虽功率较大，但为轻载起动。所以，QS 最终选择 HZ10 - 25/3 型组合开关，额定电流为 25A。

2. 热继电器 FR

根据电动机的额定电流进行热继电器的选择。由前面已知 M1 和 M2 的额定电流，根据表 1-12 选择如下：FR1 选用 JR20 - 25 型热继电器，热元件额定电流为 25A，额定电流调节范围为 17 ~ 25A，工作时调整在 22.6A；FR2 选用 JR20 - 10 型热继电器，热元件额定电流为 0.53 A，额定电流调节范围为 0.35 ~ 0.53 A，工作时调整在 0.43A。

3. 接触器 KM

根据负载电路的电压、电流及接触器所控制电路的电压及所需触头的数量等来进行接触器的选择。

本设计中，KM 主要对 M1 进行控制，而 M1 的额定电流为 22.6A，控制电路电源为 127V，需主触头三对，辅助常开触头两对，辅助常闭触头一对。所以，KM 选择 CJ10 - 40 型接触器，主触头的额定电流为 40A，线圈电压为 127V。

4. 中间继电器 KA1、KA2

本设计中，由于 M2 和 M3 的额定电流都很小，因此，可用交流中间继电器代替接触器进行控制。这里，KA1 和 KA2 均选择 JZ7 - 44 型交流中间继电器，常开常闭触头各 4 对，额定电流为 5A，线圈电压为 127V。

5. 熔断器

根据熔断器的额定电压、额定电流和熔体的额定电流等进行熔断器的选择。本设计中熔断器有三个：FU1、FU2 和 FU3。

FU1 主要对 M2 和 M3 进行短路保护，M2 和 M3 的额定电流分别为 0.43A 和 2.7A。因此，熔体的额定电流为

$$I_{FU1} \geqslant (1.5 \sim 2.5) I_{Nmax} + \sum I_N$$

计算可得 $I_{FU1} \geqslant 7.18A$，因此，FU1 选择 RL1 – 15 型熔断器，熔体额定电流为 10A。

FU2、FU3 主要是对控制电路和照明电路进行短路保护，电流较小，因此选择 RL1 – 15 型熔断器，熔体额定电流为 2A。

6. 按钮 SB1 ~ SB7

根据需要的触头数目、动作要求、使用场合及颜色等进行按钮的选择。本设计中，SB3、SB4、SB6 选择 LA18 型按钮，颜色为黑色；SB1、SB2、SB5 也选择 LA18 型按钮，颜色为红色；SB7 的选择型号也相同，但颜色为绿色。

7. 照明灯 EL 及指示灯 HL1、HL2

照明灯 EL 选择 JC 型，交流 36V、40W，与灯开关 S 成套配置；指示灯 HL1 和 HL2 选择 ZSD 型，参数为 6.3V、0.25A，颜色分别为红色和绿色。

8. 控制变压器

变压器选择 BK – 100，380V、220V/127V、36V、6.3V。

综合以上的计算，给出 CW6163 型卧式车床的电气元器件明细表，见表 7-2。

表 7-2　CW6163 型卧式车床的电气元器件明细表

符　号	名　称	型　号	规　格	数量
M1	主轴电动机	Y160M – 4	11kW、380V、22.6A、1460r/min	1
M2	冷却泵电动机	JCB – 22	0.125kW、380V、0.43A、2790r/min	1
M3	快速移动电动机	Y90S – 4	1.1kW、380V、2.7A、1400r/min	1
QS	组合开关	HZ10 – 25/3	三极、500V、25A	1
KM	交流接触器	CJ10 – 40	40A、线圈电压 127V	1
KA1、KA2	交流中间继电器	JZ7 – 44	5A、线圈电压 127V	2
FR1	热继电器	JR20 – 25	热元件额定电流 25A、整定电流 22.6A	1
FR2	热继电器	JR20 – 10	热元件额定电流 0.53A、整定电流 0.43A	1
FU1	熔断器	RL1 – 15	500V、熔体额定电流 10A	1
FU2、FU3	熔断器	RL1 – 15	500V、熔体额定电流 2A	2
TC	控制变压器	BK – 100	100V·A、380V/127V、36V、6.3V	1
SB3、SB4、SB6	控制按钮	LA18	5A、黑色	3
SB1、SB2、SB5	控制按钮	LA18	5A、红色	3
SB7	控制按钮	LA18	5A、绿色	1
HL1、HL2	指示灯	ZSD	6.3V、绿色1、红色1	2
EL、S	照明灯及灯开关	JC	36V、40W	2
PA	交流电流表	62T2	0 ~ 50A、直接接入	1

(三) 绘制电气元器件布置图

根据电气元器件布置原则，结合 CW6163 型卧式车床电气原理图的控制顺序对电气元器件进行合理布局，做到连接导线最短，导线交叉最少。所绘制的电气元器件布置图如图7-11所示。

（四）绘制电气安装接线图

电气元器件布置图绘制完成之后，根据电气安装接线图的绘制原则及相应的注意事项进行电气安装接线图的绘制。CW6163型卧式车床的电气安装接线图如图7-12所示。

（五）电气控制柜的安装接线

1. 制作安装底板

CW6163型卧式车床的电气控制电路

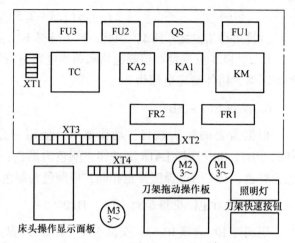

图7-11　CW6163型卧式车床电气元器件布置图

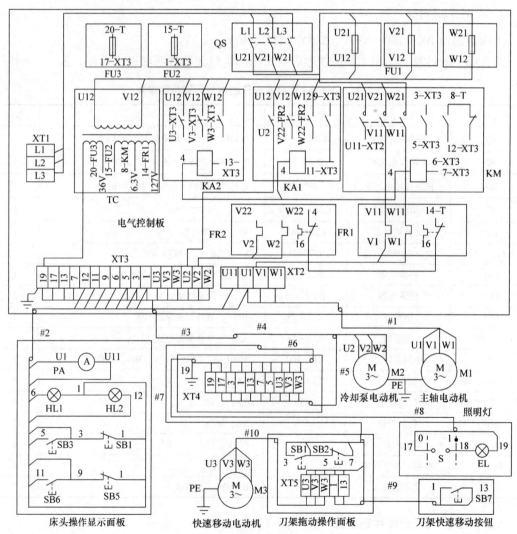

图7-12　CW6163型卧式车床电气安装接线图

较复杂,根据电气安装接线图可知,其制作的安装底板有柜内电气控制板(配电盘)、床头操作显示面板和刀架拖动操作板共三块,对于柜内电气控制板,可以采用4mm厚的钢板或其他绝缘板制作。

2. 选配导线

根据车床的特点,该系统的电气控制柜的配线方式应选用明配线。根据CW6163型卧式车床电气安装接线图中管内敷线明细表中已选配好的导线进行配线。

3. 规划安装线和弯电线管

根据安装的操作规程,首先在底板上规划安装的尺寸及电线管的走向,并根据安装尺寸锯电线管及根据走线方向弯管。

4. 安装电气元器件

根据安装尺寸线进行钻孔,并固定电气元器件。

5. 电气元器件的编号

根据车床的电气原理图对安装完毕的各电气元器件和连接导线进行编号,给出编号标志。

6. 完成接线

根据接线的要求,先接控制柜内的主电路、控制电路,再接控制柜外的其他电路和设备,包括床头操作显示面板、刀架拖动操作板、电动机和刀架快速移动按钮等。特殊的、需外接的导线应接到接线端子排上,引入车床的导线需用金属导线管保护。

(六) 电气控制柜的检查与调试

1. 常规检查

根据CW6163型卧式车床的电气原理图及电气安装接线图,对安装完毕的电气控制柜逐线检查,包括核对线号,防止错接、漏接,检查各接线端子的情况是否有虚接情况,以便及时改正。

2. 用万用表检查

在不通电的情况下,用万用表的欧姆档进行电路的通断检查。

(1) 检查主电路 接上电动机M1主电路的三根电源线,断开控制电路(取出FU1的熔体),取下接触器的灭弧罩,闭合开关QS,将万用表的两个表笔分别接到L1 – L2、L2 – L3、L3 – L1,此时测得的电阻值应为“∞”,若某次的测量值为零,则说明对应的两相接线短路;按下接触器KM的触头架,使其常开触头闭合,重复上述测量,则测得的电阻值应为电动机M1两相绕组的电阻值,三次测量的结果应一致,否则应进一步检查。

将万用表的两个表笔分别接到U12 – V12、U12 – W12、V12 – W12之间,此时测得的电阻值应为“∞”,否则就是有短路;分别按下KA1、KA2的触头架,使它们的常开触头闭合,重复上述测量,测得的电阻值应分别为电动机M2、M3两相绕组的电阻值,三次测量的结果应一致,否则应进一步检查。

(2) 检查控制电路 断开电动机M1主电路接在QS上的三根电源线U21、V21、W21,再断开FU1之后与电动机M2、M3的主电路有关的三根电源线U12、V12、W12,用万用表

的 $R \times 100$ 档测量。将两个表笔分别接到熔断器 FU2 的两端，此时电阻值应为零，否则就是有断路现象；各相间的电阻应为无穷大；断开 1、14 两条连接线（或取出 FU2 的熔体），分别按下 SB3、SB4、SB6、SB7，若测得一电阻值（依次为 KM、KA1、KA2 的线圈电阻），则 1－14 接线正确；按下接触器 KM、KA1 的触头架，此时测得的电阻仍为 KM、KA1 的线圈电阻，则 KM、KA1 自锁起作用，否则，KM、KA1 的常开触头可能虚接或漏接。

经以上检查准确无误后，即可进行通车试车。检查中若发现问题，应结合测量结果，分析电气原理图，排除故障之后再进行通电调试。

四、技能考核——CA6140 型卧式车床电气控制系统的设计

（一）考核任务

设计 CA6140 型卧式车床的电气控制系统，要求绘制电气原理图、电气元器件布置图和电气安装接线图。车床的控制要求如下：

1）主运动是主轴上的卡盘带着工件做旋转运动和刀架的直线进给运动。主运动由三相笼型异步电动机 M1 拖动，其调速、反转均采用机械方式实现。起动采用按钮控制的直接起动。

2）冷却泵电动机 M2 单向运转，且在主轴电动机起动后方可起动。

3）刀架的快速移动由电动机 M3 拖动，采用点动控制方式。

4）控制变压器的二次侧输出 110V 电压，为控制电路提供电源；输出 24V，为照明电路提供电源；输出 6V，为机床引入电源后的指示灯提供电源。

（二）考核要求及评分标准

按要求完成相关电路图的设计，考核要求及评分标准见表 7-3。

表 7-3　《电气控制电路设计 2》考核成绩记录表

项　　目		要　　求	配分	教师评分
平时表现、安全文明		遵守课堂纪律，不违反安全操作规程，工具摆放整齐，保持工位整洁	10	
实践操作		电气原理图设计正确且绘制规范	40	
		电气元器件布置图设计正确且绘制规范	10	
		电气安装接线图设计正确且绘制规范	20	
答辩		回答问题流利、回答内容符合宗旨。对设计系统理解透彻，熟悉操作工艺及技术规范	10	
设计报告		书写认真，有自己的设计过程。电路设计正确，原理清晰。报告条理性、逻辑性强，结构完整，无抄袭现象	10	
总分	教师评分（100 分）	总体评价	优□　　良□　　中□ 及格□　　不及格□	
	创新得分（加 10 分）			

注：总体评价 90～100 分为优，80～90 分为良，70～80 分为中，60～70 分为及格，60 分以下为不及格。

五、拓展知识——常用低压电器的选择方法

正确合理地选择低压电器是电气系统安全运行、可靠工作的保证。根据各类电器在设备电气控制系统中所处位置的不同及所起作用的不同，采用不同的选择方法。

1. 熔断器的选择

熔断器的类型应满足电路要求；熔断器的额定电压应大于或等于电路的额定电压；熔断器的额定电流应大于或等于所装熔体的额定电流。熔体的额定电流可以有以下几种选择。

1）对于电阻性负载的保护，应使熔体的额定电流等于或稍大于电路的工作电流，即 $I_R \geqslant I$。

2）对于一台电动机的短路保护，考虑到电动机起动冲击电流的影响，可按下式选择，即

$$I_R = (1.5 \sim 2.5) I_N$$

3）对于多台电动机应按下式计算，即

$$I_R \geqslant (1.5 \sim 2.5) I_{NMAX} + \sum I_N$$

使用熔断器时，对于螺旋式熔断器，将带色标的熔断管一端插入瓷帽，再将瓷帽连同熔断管一起拧入瓷套，负载端接到金属螺纹壳的上接线端，电源线接到瓷座上的下接线端，并保证各处接触良好。

此外，还应当考虑熔体的材料，如铅、锡、锌为低熔点材料，所制成的熔体不易熄弧，一般用在小电流电路中；银、铜、铝为高熔点材料，所制成的熔体容易熄弧，一般用在大电流电路中。当熔体已熔断或已严重氧化，需要更换熔体时，还应注意使更换的熔体和原来熔体的规格保持一致。

2. 接触器的选择

正确地选择接触器就是要使所选用的接触器的技术数据满足控制电路对它提出的要求，选择接触器可按下列步骤进行。

1）根据接触器的任务确定用哪一系列的接触器。

2）根据接触器所控制电路的额定电压确定接触器的额定电压。

3）根据被控制电路的额定电流及接触器的安装条件来确定接触器的额定电流。如接触器在长期工作制下使用时，其负载能力应适当降低，这是因为在长期工作制下，触头的氧化膜得不到清除，使接触电阻增大，因而必须降低电流值以保持触头的允许温升。

4）一般情况下对于控制主电路为交流的应采用交流接触器。接触器线圈的额定电压要与所接的电源电压相符，且要考虑安全和工作的可靠性。交流电磁线圈的电压等级有 36V、110V、127V、220V 和 380V 等；直流电磁线圈的电压等级有 24V、48V、110V、220V 和 440V 等。

3. 时间继电器的选择

时间继电器的种类很多，选择时主要考虑控制电路提出的技术要求，如电源电压等级、电压种类（交流还是直流）、触头的形式（瞬时触头还是延时触头）、触头的数量及延时时间

等。此外，在满足技术要求的前提下尽可能选择结构简单、价格便宜的型号。

目前，在工业上经常使用一些质优价廉的数字化时间继电器，其核心一般是单片机或高精度的数字电路，具有精度高、使用灵活及故障率低等优点，是时间继电器发展的主流。

4. 热继电器的选择

一般情况下，可选用两相结构的热继电器；对于电网电压严重不平衡、工作环境恶劣或较少有人照管的电动机，可选用三相结构的热继电器；对于三角形联结的电动机，为了对其进行断相保护，可选用带断相保护的热继电器。

工作时间较短、停歇时间较长的电动机，如机床的刀架或工作台快速移动所用的电动机及恒定负载下长期运行的电动机(如风扇、油泵等)，可不必设置过载保护。

热继电器的具体选择原则如下。

1) 一般选择热继电器的额定电流是电动机额定电流的 0.95 ~ 1.05 倍。

2) 根据需要的整定电流值选择热继电器热元件的编号和额定电流。选择时应使热元件的整定电流等于电动机的额定电流，同时整定电流应留有一定限度的上、下调整范围。在重载起动及起动时间较长时，为防止热继电器误动作，可将热元件在起动期间短路。

选择低压电器时，应注意某些电器之间的区别。有些电器在一定条件下可以相互替代，如在通断电流较小的情况下，中间继电器可以代替接触器起动电动机；有的电器在电动机负载的情况下不能互相替代，如热继电器和熔断器，虽然都是保护电器，都是串接于电路中对非额定电流实施保护，但是短路电流太大时，热继电器由于热惯性不能马上动作，不能进行短路保护，所以不能代替熔断器；而过载电流远小于短路电流时，不足以使熔断器动作，但一定时间后将会破坏电动机的绝缘，所以熔断器也不能代替热继电器。

思考与练习

1. 某机床由一台三相笼型异步电动机拖动，润滑油泵由另一台三相笼型异步电动机拖动，均采用直接起动，控制要求如下：

1) 主轴电动机必须在润滑油泵工作后，才能起动。

2) 加工时，主轴为正向运转，但为调试方便，要求主轴能正、反向点动。

3) 主轴停止后，才允许润滑油泵停止工作。

4) 具有必要的联锁及保护措施。

请用接触器 – 继电器来实现控制，画出主电路和控制电路，并简要说明。

2. 有一台两级带运输机，分别由 M1、M2 两台三相异步电动机拖动，动作顺序为起动时要求按 M1→M2 顺序起动；停车时要求按 M2→M1 顺序停车。要求完成：

1) 设计电气原理图(需画出主电路、控制电路及必要的保护环节)。

2) 如果 M1 的参数为额定电压 380V、额定功率 5.5kW，M2 的参数为额定电压 380V、额定功率 10kW，试选择相应的熔断器、接触器及热继电器的主要参数。

3. 某机床由两台三相笼型异步电动机 M1 与 M2 拖动，其电气控制要求如下：

1）M1 容量较大，采用星形 – 三角形减压起动，停车采用能耗制动。

2）M1 起动后经 50s 方允许 M2 直接起动。

3）M2 停车后方允许 M1 停车制动。

4）M1、M2 的起动、停止均要求两地操作。

5）设置必要的电气保护环节。

试设计出完整的电气原理图。

部分思考与练习参考答案

项目一　三相异步电动机的单向起动控制

任务一　思考与练习

1. 单项选择题

1）D；2）A；3）A；4）D

2. 判断题

1）×；2）√；3）√；4）×；5）×

3. RL6－63/63

任务二　思考与练习

1. 单项选择题

1）B；2）A；3）C；4）B；5）B；6）B

2. 判断题

1）×；2）√；3）√；4）√；5）√

3. KM 线圈不能得电

任务三　思考与练习

1. 单项选择题

1）B；2）B；3）D；4）C；5）A；6）B

2. 判断题

1）√；2）×；3）√；4）√；5）√

项目二　三相异步电动机的正反转控制

任务一　思考与练习

1. 单项选择题

1）C；2）B；3）C；4）C；5）B

2. 判断题

1）√；2）×；3）×；4）√；5）×

任务二　思考与练习

1. 单项选择题

1）A；2）A；3）C；4）B；5）B

2. 判断题

1）√；2）√；3）×；4）√；5）√

3.1）SA：点动与连续工作的切换；SQ1：反→正换向开关；SQ2：正→反换向开关；SQ3：前进终端限位开关；SQ4：后退终端限位开关。

2）主电路分析：QS 闭合后

KM1 主触头闭合，电动机正向运行，工作台前进。

KM2 主触头闭合，电动机反向运行，工作台后退。

3）控制电路分析：

① SA 断开时，

按下 SB2→KM1$^+$→KM1 主触头闭合→电动机点动正向运行→工作台前进。

按下 SB3→KM2$^+$→KM2 主触头闭合→电动机点动反向运行→工作台后退。

② SA 闭合时，

按下 SB2→KM1$^+$ $\begin{cases} →\text{KM1 自锁触头闭合；} \\ →\text{KM1 互锁触头断开；} \\ →\text{KM1 主触头闭合→电动机正向运行→工作台前进→} \end{cases}$

→压下 SQ2 $\begin{cases} \text{SQ2 常闭触头断开→KM1}^-\text{，其所有触头复位；} \\ \text{SQ2 常开触头闭合→KM2}^+ \begin{cases} \text{KM2 自锁触头闭合；} \\ \text{KM2 互锁触头断开；} \\ \text{KM2 主触头闭合→电动机反转，工作台后退→} \end{cases} \end{cases}$

→压下 SQ1→ $\begin{cases} \text{SQ1 常闭触头断开→KM2}^-\text{，其所有触头复位；} \\ \text{SQ1 常开触头闭合→KM1}^+→\text{电动机又正转，工作台再次前进……} \end{cases}$

重复上述过程，直至按下 SB1↓→KM1$^-$ 或 KM2$^-$ 断电，电动机停止。

项目三　三相异步电动机的减压起动控制

任务一　思考与练习

1. 单项选择题

1）B；2）C；3）C；4）A；5）D

2. 判断题

1）√；2）×；3）√；4）√；5）√

3. 控制电路：按下 SB2→KM1$^+$→ $\begin{cases} \text{KM1 自锁触头闭合；} \\ \text{KM1 互锁触头断开；} \\ \text{KM1 主触头闭合→电动机正向运行→工作台前进→} \end{cases}$

→压下 SQ1 $\begin{cases} \text{SQ1 常闭触头断开→KM1}^-\text{，KM1 所有触头复位；} \\ \text{SQ1 常开触头闭合→KT}^+→\text{工作台停止 } ts \text{ 后，KM2}^+→ \end{cases}$

$\begin{cases} \text{KM2 自锁触头闭合；} \\ \text{KM2 互锁触头断开；} \\ \text{KM2 主触头闭合→电动机反转，工作台后退→压下 SQ2→KM2}^-\text{，KM2 所有触点复位，工} \end{cases}$
作台停止移动。

任务二　思考与练习

1. 单项选择题

1）C；2）B；3）A；4）B；5）A

2. 判断题

1）√；2）√；3）×；4）√；5）√

3. 提示：按下 SB2，KM1 线圈得电自锁，电动机串频敏变阻器减压起动，同时 KT 线圈得电延时，延时时间到，中间继电器 KA 线圈得电，KM2 线圈得电，电动机全压运行。

减压起动时，KA 常闭触头将 FR 热元件短接，避免起动时间过长而使热继电器误动作。

项目四　三相异步电动机的调速与制动控制

任务一　思考与练习

1. 单项选择题

1）B；2）A；3）C；4）A；5）C

2. 判断题

1）√；2）×；3）×；4）√；5）×

3. 提示：按下 SB2，KM1 线圈得电自锁，电动机低速起动运行；按下 SB3，KM1、KT 线圈得电自锁，电动机低速起动，当延时时间到达后，KM1 线圈断电，KM2、KM3 线圈得电自锁，电动机高速运行。

任务二　思考与练习

1. 单项选择题

1）D；2）B；3）A；4）C；5）B

2. 判断题

1）×；2）×；3）×；4）√；5）√

3. 不能实现反接制动；因为当按下停止按钮时，KM2 线圈不能得电，从而不能实现反接制动。

5. 改变电动机电源相序，形成反向旋转磁场，产生制动转矩，使电动机立即停止的方法就是反接制动。反接制动的特点是制动迅速，效果好，但制动电流较大。反接制动适用于小容量电动机不频繁制动的场合。

任务三　思考与练习

1. 单项选择题

1）C；2）D；3）B；4）A；5）B

2. 判断题

1）√；2）×；3）√；4）×；5）√

3. 三相异步电动机定子绕组断开交流电源，通入直流电源，形成静止磁场，产生制动转矩，使电动机立即停止的方法就是能耗制动。能耗制动的特点是制动平稳，但需要直流电源。能耗制动适用于中大容量电动机的频繁制动场合。

4. 不能。采用时间继电器的延时断开常闭触头或速度继电器触头。

5. 提示：该电路为三相异步电动机可逆运行时间原则控制的能耗制动控制电路。

项目五　直流电动机的电气控制

任务一　思考与练习

1. 单项选择题

1）B；2）C；3）D；4）B；5）C

2. 判断题

1）√；2）√；3）√；4）×；5）×

任务二　思考与练习

1. 单项选择题

1）C；2）A；3）D；4）A；5）B

2. 判断题

1）√；2）√；3）×；4）×；5）√

项目六　典型机床电气控制电路的分析与故障检修

任务一　思考与练习

1. 单项选择题

1）D；2）D；3）A；4）B；5）B

2. 判断题

1）×；2）√；3）×

任务二　思考与练习

1. 单项选择题

1）A；2）B；3）C；4）D；5）C；6）A；7）A；8）B；9）A；10）B

2. 判断题

1）√；2）×；3）×；4）√；5）×；6）√；7）√；8）√

3. SQ4-1 触头接触不良或损坏；YC5 回路不得电

任务三　思考与练习

1. 单项选择题

1）D；2）B；3）B；4）B；5）A

2. 判断题

1）×；2）√；3）√；4）×；5）√；6）√；7）√；8）√

项目七　电气控制系统的设计

任务一　思考与练习

1. 单项选择题

1）A；2）B；3）B

2. 判断题

1）×；2）×；3）×

3. 提示：参考项目二中的工作台自动往复循环控制电路进行设计。

4. 提示：利用具有自锁的单向起动控制电路实现两台电动机的单独起动与停止，利用中间继电器的触头实现两台电动机的同时起动与停止。

5. 提示：参考两台电动机的顺序起动控制电路进行设计。

任务二 思考与练习

1. 提示：参考两台电动机顺序起动、逆序停止的控制电路进行设计。

2. 提示：参考两台电动机顺序起动、逆序停止的控制电路进行设计。

3. 提示：参考星形－三角形减压起动控制电路和能耗制动控制电路进行设计。

附录 常用电气图形符号和文字符号

名称	图形符号	文字符号	名称	图形符号	文字符号
直流电			带铁心的电感器		L
交流电	~		电抗器		L
正、负极	+ −				
导线			开关一般符号		Q
三根导线					
导线 T 形连接			三极开关		Q
端子	○				
端子板		X	熔断器		FU
接地			热继电器常开触头		FR
可调压的单相自耦变压器		TA	热继电器常闭触头		FR
有铁心的双绕组变压器	11	T	按钮常开触头	E-\	SB
三相自耦变压器		TA	电流互感器		TA
可调电阻器		R	串励直流电动机	M	M
带滑动触头的电位器		RP	并励直流电动机	M	M
电容器一般符号		C			
极性电容器		C			
电感器、线圈、绕组或扼流器		L	他励直流电动机	M	M

（续）

名称	图形符号	文字符号	名称	图形符号	文字符号
永磁式直流测速发电机		TG	延时断开的常开触头		KT
三相笼型异步电动机		M	延时闭合的常闭触头		KT
三相绕线转子异步电动机		M	接近开关常开触头		SP
接触器常开主触头		KM	接近开关常闭触头		SP
接触器辅助常开触头		KM	限位开关常开触头		SQ
接触器常闭主触头		KM	限位开关常闭触头		SQ
接触器辅助常闭触头		KM	压力继电器常闭触头		KP
中间继电器常开触头		KA	速度继电器常开触头		KS
中间继电器常闭触头		KA	接触器线圈		KM
按钮常闭触头		SB	中间继电器线圈		KA
延时闭合的常开触头		KT	热继电器的热元件		FR
延时断开的常闭触头		KT	通电延时型时间继电器线圈		KT

（续）

名称	图形符号	文字符号	名称	图形符号	文字符号
断电延时型时间继电器线圈		KT	电磁制动器		YB
过电流继电器线圈	$I>$	KOC	电磁离合器		YC
欠电流继电器线圈	$I<$	KUC	电磁阀		YV
过电压继电器线圈	$U>$	KOV	照明灯		EL
欠电压继电器线圈	$U<$	KUV	指示灯、信号灯		HL
电磁铁线圈		YA			

参 考 文 献

[1] 许翏，赵建光. 电气控制与 PLC 应用[M]. 5 版. 北京：机械工业出版社，2019.

[2] 王兵. 常用机床电气检修[M]. 北京：中国劳动社会保障出版社，2006.

[3] 李瑞福. 工厂电气控制技术[M]. 北京：化学工业出版社，2010.

[4] 赵红顺. 常用电气控制设备[M]. 上海：华东师范大学出版社，2008.

[5] 赵秉衡. 工厂电气控制设备[M]. 北京：冶金工业出版社，2001.

[6] 李国瑞. 电气控制技术项目教程[M]. 3 版. 北京：机械工业出版社，2018.

[7] 赵红顺. 电气控制技术实训[M]. 2 版. 北京：机械工业出版社，2019.

[8] 高学民. 机床电气控制[M]. 济南：山东科学技术出版社，2005.

[9] 王永华. 现代电气控制及 PLC 应用技术[M]. 北京：北京航空航天大学出版社，2003.

[10] 王兆明. 电气控制与 PLC 技术[M]. 北京：清华大学出版社，2006.